數思漫想

A Cartoon Primer of Modern Mathematics

漫畫帶你發現數學中的思考力、邏輯力、創造力

抽象數學國度

© 2017 Chih C Yang

楊志成 — 著
洪萬生 — 審訂
蔡姿英 — 校閱

陳玉芬　潘漢文　李少宇　李伶芳　李偉任
李靜平　涂佩瑜　張嘉芸　朱志竣　陳財宏　— 譯

三民書局

《數思漫想》的普及膽識

　　這是一本蠻獨特的數學普及書籍。一方面，作者寫作兼插畫（或創作漫畫），將他自己對於抽象數學的理解發揮得淋漓盡致。另一方面，他的論述與敘事似乎也無意討好「嗜讀」數學的「文青」，而鋪陳一些了無新意的數學知識活動。

　　這或許多少可以解釋作者何以一開始就企圖說明「什麼是（現代）數學？」他的答案以及在本書中的相關書寫，都呼應了多位數學家／數學普及作家（譬如史都華 (Ian Stewart)、德福林 (Keith Devlin) 的看法，亦即「數學是（探索）模式的科學」(the science of patterns)。因此，（抽象）數學結構的美之呈現，正是本書的題旨，而這當然也區別了本書與許多數學普及書籍的風格。事實上，作者在自序就強調：「本書意圖針對具有不同數學能力的讀者，旨在幫助這些讀者欣賞和享受現代抽象數學的美，並激發他們學習其他數學主題的興趣和思維方式。為了保持讀者的熱情，作者企圖使用很多具體的例子來盡可能地說明一般概念的樣貌。」

　　那麼，作者究竟如何以具體例證說明現代抽象數學的「美感」？或許我們從本書的目錄，即可略窺它的些許風貌。本書十章依序是：什麼是現代數學？模式的科學、抽象與思想實驗、集合與無限、數學歸納法、代數的結構、模算術、中國的計數、對稱性探索，以及代數系統。其中，第三章「抽象與思想實驗」就是在強調抽象思維的重要性。至於〈集合與無限〉、〈數學歸納法〉、〈代數的結構〉、〈模算術〉，以及〈代數系統〉各章，都意在凸顯抽象結構的重要性，以及它們可以展現的「美感」。我們一旦能夠脫離具體層次而進入抽象結構進行思維活動，就可以在具體應用價值之外，「用不同觀點看待事物」或「洞察到他人所沒有想到的類比關係」。譬如說吧，以本書第六章〈定義明確的二元運算〉(well-defined binary operation) 為例 (pp.99, 207)，一支棒球隊的三季勝率依序為 $\frac{7}{13}$、$\frac{6}{12}$ 及 $\frac{8}{14}$，因此，三季勝率總結為 $\frac{7}{13} \oplus \frac{6}{12} \oplus \frac{8}{14} = \frac{7+6+8}{13+12+14} = \frac{21}{39}$，亦即在 39 場中贏了 21 場。作者特別指出：由於「數字 $\frac{7}{13}$、$\frac{6}{12}$ 及 $\frac{8}{14}$ 並不是有理數。$\frac{6}{12} \neq \frac{1}{2}$ 且 $\frac{8}{14} \neq \frac{4}{7}$。它之所以可以運作，是因為（作為函數的）$\oplus$ 只有一個映成數」。

　　至於無限集合之（可）比較（本書第四章），也是抽象思維的一個極為有趣的案例。在其推論過程中，吾人運用簡單可行的抽象思考去掌握模式，就可以讓不可見的世界現身 (making the invisible visible)。再有，本書

pp.37–45 所介紹的思想實驗 (thought experiment) 及其例子，譬如〈小約翰的思想實驗——環遊世界〉、〈伽利略的帆船實驗〉，以及〈愛因斯坦的火車實驗〉，都足以說明「思想實驗就是一種抽象思考的方法。它允許我們在想像中檢驗假設或者理論，而不是在實驗室中。」事實上，上述後兩個實驗都是科學史上最偉大的兩個案例，對於近代物理學的發展，發揮了巨大的作用。

對於一般讀者或科學文化消費者而言，上一段三個「思想實驗」所涉及的「抽象程度」，實際上遠遠不及本書所介紹的群論 (group theory)。在本書第十章（最後一章）〈代數系統〉中，作者簡要說明「同構」(isomorphism) 之意義：「一些群或許表面上看起來並不相同。如果任意兩個群有相同的代數結構 (algebraic structures)，則它們在實質上是相同的。」他進一步引進「同態」(homomorphism) 之概念及其用途：「在群論中，同態的主要用途就是創造一個函數例如 $\varphi : A \rightarrow B$，使得我們可以藉由觀察像或對應域 (domain)A 的可能。就像是透過實物的照片來推論真正的實物一樣。」還有，他更輔以漫畫點出「同態的核」(the kernel of the homomorphism) 之意義：「同態的核，就是對於一幅景象，從不同的觀點來看，會發掘到不同的特徵。」這顯然涉及敘事 (narrative) 中的比喻 (metaphor) 之運用，作者的「圖解」難免讓人意猶未盡，希望有心的讀者自行發揮創意。

從群論觀點來看，同態是指兩個群之間保持結構不變的映射或函數。至於同構，則是它的特例，因為其中之函數被要求一對一映成。基於正實數的乘法群與實數的加法群同構之事實，作者說明計算尺——風行於 1970 年以前、然後被電子計算機取代的計算器——的操作原理。還有，作者自創的諾亞方舟一對小毒蛇被要求繁殖的俏皮比喻，表現了十足風趣的數學驚奇。比喻涉及概念的翻譯或轉換，因此，抽象概念的解說至關緊要。難怪在本書中（尤其是〈代數系統〉這一章），作者安排相當多的篇幅，來解釋群論等代數結構的相關定義或概念。所有這些，作者甚至輔以插畫或漫畫來強化說明。

如果這些創意書寫還不足以指出（抽象）數學的價值及意義，那麼，請看作者的加碼註記：四元群 (quaternion group，一種非交換群) 的應用層面很廣，在機器人、電腦動畫、電腦視覺、量子物理以及結晶學的應用，都非常有貢獻。

事實上，本書第八章〈中國的計數〉主題就是中國餘式定理及其在密碼學上的實際應用，不過，那是在第七章〈模算術〉理論已經充分鋪陳之

後的安排，比較像是呼應作者的「夫子自道」：使用很多具體的例子來盡可能地說明一般概念的樣貌，目的是為了保持讀者的熱情。的確如此！我最喜歡的一個例子，就是作者用以解說「有限差分法的模式」：

在下面的數字中，有一個數字寫錯，請問是哪一個呢？

1　3　6　11　20　31　48　71　101

總之，這是一本不以數學「有用」作為主要訴求的普及書籍。各章內容都鮮少以數學的應用價值為主要考量。這種書寫進路的確與我們科學文化界或教育現場動輒強調數學「如何有用」不無落差，值得我們注意作者的普及關懷所在。事實上，無論本書是否真實呼應作者所期待的中學到大學之「數學銜接」，他針對本書的論述、敘事乃至插畫，的確充滿了個人風格，非常值得我們極力推薦。

本書的插畫或漫畫也特別值得一提，因為這些有時充滿數學洞識的漫畫，不但可以拉近數學與圖像世代讀者之距離，同時，也因為它們擁有自我解說 (self-explanatory) 的功能，而開創了普及敘事的更多可能。因此，本書非常適合大學數學通識（尤其是嗜讀文青所選修的）以及高中多元選修等課程。對於打算隨時複習大學所學數學的中學教師，本書更是絕佳選擇。

臺灣數學史教育學會理事長

洪萬生

目　錄

序

教育停滯的圖像

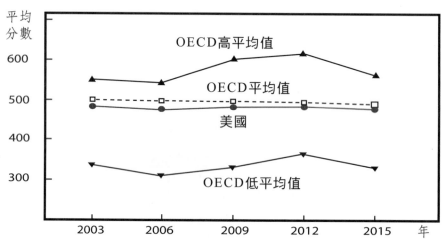

2003 至 2015 年 15 歲學生在 PISA 的數學素養測驗中平均成績

　　這個國際學生評比計畫 （Programme for International Student Assessment，簡稱 PISA） 是由經濟合作發展組織 （Organization for Economic Co-operation Development，簡稱 OECD） 發起，旨在評估全球學生的學習成績。

　　根據 PISA 對 15 歲學生所做的測試，美國青少年學生的數學表現低於 72 個國家的平均值，更遠低於亞洲的青少年。然而在 2013 年，美國的教育部長，Arne Duncan 將 PISA 結果描述為「教育停滯的圖像」。

數學包含了思考與計算的技能

　　一般公認的數學印象一直都是限於數與計算的方法，然而數學不僅僅只是這樣。數學的核心是使用於邏輯過程與抽象推理的思考以及概念化。

　　今天，美國的數學教育正移向推理與概念化。然而，計算技能仍然是很重要的，就好像推理是建立在堅實的計算技能基礎之上，它們是緊密相連的。

亞洲的數學教育

在補習班的亞洲學生

一個國家的教育系統反映出它的社會價值

▶ 對大部分的亞洲學生而言，一個成功的大學入學考試是他的終極目標。

▶ 像在中國、日本、新加坡、南韓以及臺灣，這樣的考試決定了學生的職業生涯，主要是因為這些考試都是標準化的，而且都著重在計算技能。而地區性的補習班中心則提供了課程上的需求，協助他們準備，而且在學生之間大受歡迎，比起他們的實務知識與能力，考試結果是優先被考量的。

▶ 由於這種類型的教育系統強調食譜式的計算技能，因此勞動密集型製造業在這些亞洲國家受益匪淺。

美國的數學教育

　　從 1940 年代後期到 1990 年代初期，美國社會處於冷戰的氛圍。隨著蘇聯在 1957 年成功發射人造衛星，偉大的太空競賽和軍備競賽的開始，美國人領悟到了一個新領域。

©2017 Chih C Yang

　　從一開始，美國政策制定者就指責國家的科學和數學課程低於一般的水平而且落後。他們相信課程與教學法都過時了，必須全面檢修。於是造成了「新數學」運動的誕生。

1960 年代的新數學

　　在 1960 年代，數學學者與教育專家開始強調數學課程中的思考技能。不久，數學教科書不再只強調計算技能與應用。現在，學生將會學習數學結構，推理與概念化。

新數學：
「不要在乎你是否得到正確答案，重要的是學習的方法。」
Tom Lehrer

約翰不會算數學

©2016 Chih C Yang

然而這改革實行了數年，成效如何是根本不得而知。最終，當教育者將此運動實行到極端，只關注在知識結構的概念化，而忽視計算能力時，就注定要失敗了。

到了 1970 年代的中期，新數學運動已完全凋零。

美國的數學戰爭——數學教育改革

美國對數學教育的不滿讓改革運動和爭議持續存在，在 1990 年代，這個爭議包含了數學教育以及讓全國數學教師協會所出版的數學的學校課程和評估標準課程復活。他們的爭論點在於究竟傳統的教學方法比較好？還是「改革數學」的教學方法比較好。「改革數學」的方法是強調學生去發現他們自己的知識與概念化思考。這「戰爭」到了 2000 年代的中期結束。

數學戰爭激烈

由於 2010 年州立標準版的共同核心課程實施，數學改革再次爆發。

我們在哪裡？

今日，正當 K–12 還在為數學教育方向奮鬥時，在大學的後微積分階段，數學的思考進路（即強調思考與概念化）主宰了數學。

大學階段的抽象數學

在這後微積分的大學階段，主要在強調理解結構以及抽象概念。

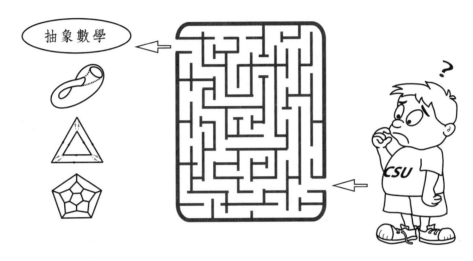

要達到這種的思考層次，已經證明是困難的，因為相對較少的學生才有充分的能力以這種方式思考。

為了養成學生的抽象數學，也是有很多的銜接書籍可以使用。但是這些銜接書籍大部分聚焦於邏輯的訓練以及證明的寫作藝術。在很多情況下，這些方法反而會迫使學生迴避抽象數學。

本書的目標

本書意圖針對具有不同數學能力的讀者，旨在幫助這些讀者欣賞和享受現代抽象數學的美，並激發他們學習其他數學主題的興趣和思維方式。為了保持讀者的熱情，作者企圖使用很多具體的例子來盡可能地說明一般概念的樣貌。

致　謝

　　我謹向以下人士表示最深切的謝意，感謝他們在這項工作中給予的有益評論、建議和編輯（按字母順序排列）。

Mark Evans, Cultural Conservation Foundation of North Carolina
Ronald Fulp, N.C. State University
William Johnson, N.C. State University
Gene Lowrimore, Decision Systems; former Senior Scientist, Duke University
Ronald Sneed, N.C. State University; Major General (retired), US Army
Louise Taylor, Meredith College, Raleigh, NC
James and Beverly West, Cornell University

　　最後，我想要對 Carolyn，Jo Ann 以及 Matthew 在初稿編輯中的協助說聲謝謝，還有我的妻子 Yu-Mong 對我的支持與鼓勵。

1

什麼是現代數學？

數學簡史

直到西元前 6–5 世紀，數學仍是數字和基本算術的研究。

巴比倫

1	11	21	31	41	51
2	12	22	32	42	52
3	13	23	33	43	53
4	14	24	34	44	54
5	15	25	35	45	55
6	16	26	36	46	56
7	17	27	37	47	57
8	18	28	38	48	58
9	19	29	39	49	59
10	20	30	40	50	

60 進位制 (以 60 為底)

直到今日，我們仍然使用 60 進位制，如 1 小時是 60 分鐘。

埃及

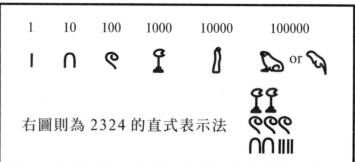

1	10	100	1000	10000	100000

右圖則為 2324 的直式表示法

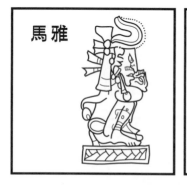

馬雅

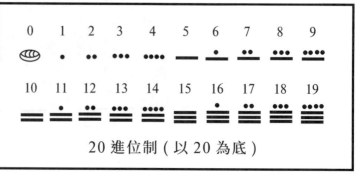

0	1	2	3	4	5	6	7	8	9
10	11	12	13	14	15	16	17	18	19

20 進位制 (以 20 為底)

零的概念很早就出現了，但並沒有傳播到馬雅以外的文明國家。

西元前 500 年到西元 300 年
——希臘人在數學發展中有重大的進展，尤其是幾何學

對希臘人來說，數學不只是實用主義。數學也是一種具有美學和宗教元素的智力追求。歐幾里得的幾何學是歷史上第一部完整的演繹科學。

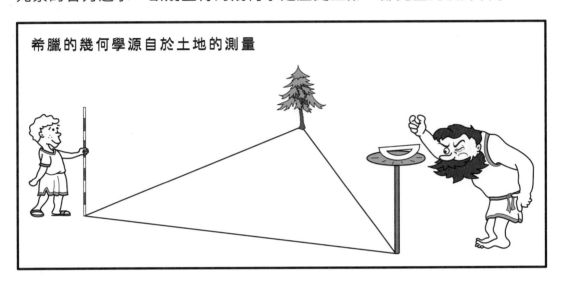

希臘的幾何學源自於土地的測量

未解的幾何問題

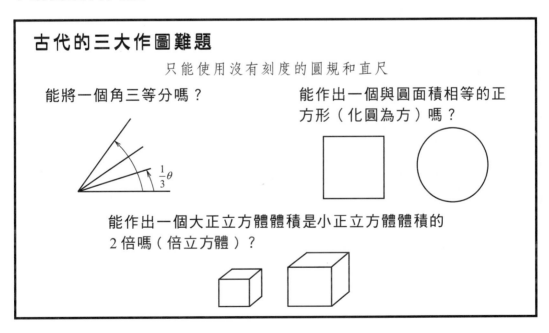

古代的三大作圖難題

只能使用沒有刻度的圓規和直尺

能將一個角三等分嗎？

能作出一個與圓面積相等的正方形（化圓為方）嗎？

能作出一個大正立方體體積是小正立方體體積的 2 倍嗎（倍立方體）？

它們已經讓數學家煩惱了 2000 多年，直到用代數證明它們是無法用尺規作圖完成的。

中世紀（西元 5–15 世紀）

羅馬帝國殞落後，歐洲文明被瘟疫、戰爭和野蠻人侵襲而削弱。有將近一千年的時間，歐洲數學的發展幾乎是停滯不前。

相反地，這段時期一些東方文明正蓬勃發展。

印度阿拉伯數字

▶ 在 12 世紀，許多阿拉伯數學文本被翻譯成拉丁文。其中之一就有阿爾·花拉子米 (al-Khwarizmi, 780–850) 的《代數學》(*Algebra*)。

▶ 印度阿拉伯數字也被帶到歐洲，包括數字零；然而，「零」在歐洲一直被受到質疑，直到 16 世紀才被接受。

數字零起源於 9 世紀的印度。

©️ 2016 Chih C. Yang

▶ 在當時的歐洲，已知道有負數，只是尚未完全接受，負數被視為「荒謬的數字」。

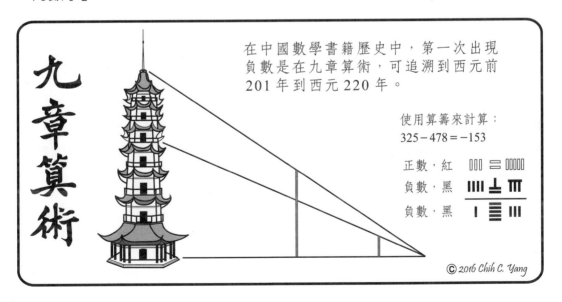

九章算術

在中國數學書籍歷史中，第一次出現負數是在九章算術，可追溯到西元前 201 年到西元 220 年。

使用算籌來計算：
$325 - 478 = -153$

正數，紅　ΙΙΙ 二 ΙΙΙΙΙ
負數，黑　ΙΙΙΙ ⊥ ΠΙ
負數，黑　Ι 三 ΙΙΙ

©️ 2016 Chih C. Yang

義大利的文藝復興時期——16 世紀歐洲代數的崛起

$\sqrt{-1}$ 的第一次出現

▶ 在 16 世紀中葉的義大利，解決數學問題競賽是一種流行的娛樂方式，也是展現才華的一種方式。

▶ 為了在競賽中對付其他數學家，有些數學的發現是被保密的。

▶ 對於一些優秀的參賽者來說，在這些競賽贏取高額獎金就是收入的來源。

▶ 卡丹諾 (Girolamo Cardano, 1501–1576) 嘗試用 $\sqrt{-1}$ 來解決數學問題，但卻被人們認為是「不合理的」。

代數的出現成為數學的一個重要分支

16 世紀代數的偉大成就
——找到了 3 次和 4 次方程式的一般解

$$x^3 + ax^2 + bx + c = 0$$
$$x^4 + ax^3 + bx^2 + cx + d = 0$$

▶ 面臨的挑戰就是要進一步找出 5 次或更高次方程式的一般解。

▶ 在接下來的 200 年中，沒有人成功。

▶ 在 19 世紀，阿貝爾 (Niels Henrik Abel, 1802–1829) 研究代數的結構而得到結論：一個 5 次或更高次的方程式沒有公式解。

▶ 這結論代表著現代代數的開始。

微積分的發明

微積分是在 17 世紀時，由牛頓 (Isaac Newton, 1643–1727) 和萊布尼茲 (Gottfried Wilhelm Leibniz, 1646–1716) 各自獨立發展出來的。

一個嶄新的數學時期開始了，強調對數學的研究興致已轉移到變量（或變化）的領域。

微積分與早期初等數學的差異

早期數學主要侷限於計數、算術計算、幾何和代數。

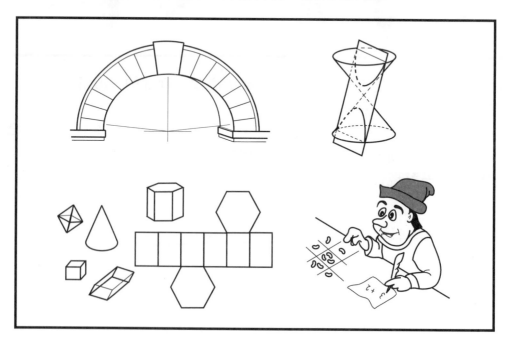

微積分是研究連續運動和變化

連續運動和變化

滾動的圓擺線

約翰‧伯努利 (Johann Bernoulli, 1667–1748) 在 1696 年提出一個問題來挑戰其他數學家。問題就是當 B 不在 A 的正下方時，找出珠子在**最短時間**內從線上 **A 點**滑動到 **B 點**所形成的軌跡形狀。

答案是反擺線的一半，而不是一條直線。

18–19 世紀的數學

從 18 世紀中葉起，對數學本身的研究興趣逐漸增加，而不僅僅是它的應用。到了 19 世紀末，數學已經成為數字、形狀、運動、變化、空間、自身結構以及數學的抽象和邏輯推理的研究。

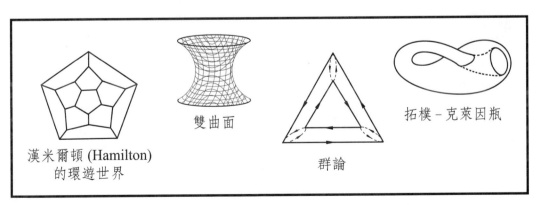

漢米爾頓 (Hamilton) 的環遊世界

雙曲面

群論

拓樸－克萊因瓶

20 世紀的數學

　　19 世紀數學的發展是相當戲劇性的，而 20 世紀的數學，隨著早期數學不斷的發展演進，許多新的數學分支也被探究出來了。

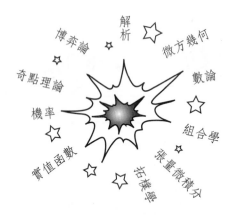

　　鑒於數學知識活動的爆發，引出一個問題：

數學是什麼？

　　直到 20 世紀 80 年代，大多數數學家都認為**數學是模式的科學 (the science of patterns)**。數學家在數字、形狀、空間、科學、計算、自然、生活、行為等方面尋找出抽象的模式。

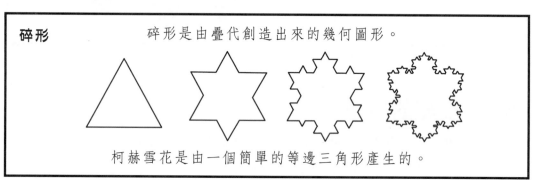

碎形　　　　碎形是由疊代創造出來的幾何圖形。

柯赫雪花是由一個簡單的等邊三角形產生的。

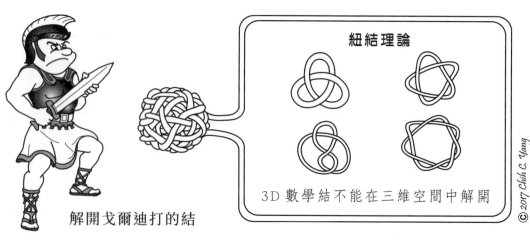

紐結理論

解開戈爾迪打的結　　　3D 數學結不能在三維空間中解開

© 2017 Chih C. Yang

參考文獻

❶ Anton, Howard, *Calculus with Analytic Geometry*, 4th Edition. John Wiley & Sons, 1992.

❷ Berlinghoff, William P.; *Mathematics—The Art of Reason*, D.C. Heath and Company, Boston, 1968.

❸ Boyer, Carl B.; Merzbach, Uta C., *A History of Mathematics*, 2nd Edition. John Wiley & Sons. 1991.

❹ Chinn, W.G., and Steenrod, N.E., *First Concepts of Topology: The Geometry of Mappings of Segments, Curves, Circles, and Disks*. Random House/The L.W. Singer Company, NY. 1966.

❺ Devlin, Keith J., *Sets, Functions, and Logic: An Introduction to Abstract Mathematics*, 3rd Edition. Chapman & Hall/CRC, FL. 2004.

❻ Devlin, Keith J., *Life by the Numbers*, John Wiley & Sons, Inc. NY. 1998.

❼ *Glencoe Geometry: Integration, Applications*, Connections, Glencoe/McGraw–Hill, OH. 1998.

❽ "Mathematics." Encyclopedia of Mathematics. URL: http://www.encyclopediaofmath.org/index.php?title=Mathematics&oldid=23895. March 2012.

❾ Nicodemi, Olympia E., Sutherland, Melissa A., and Towsley, Gary W., *An Introduction to Abstract Algebra with Notes to the Future Teacher*. Pearson/Prentice Hall, NJ. 2007.

❿ Odifreddi, Piergiorgio; *The Mathematical Century: The 30 Greatest Problems of the Last 100 Years*, The Princeton University Press, 2004.

⓫ Stewart, Ian, *Concepts of Modern Mathematics*, Dover Publications. 1995.

2

模式的科學

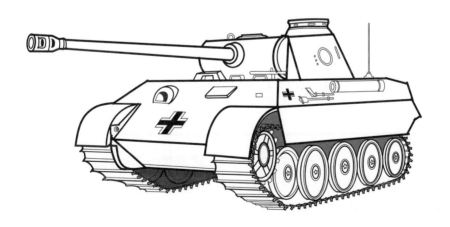

　　數學就是模式的科學，數學家們在數字、形狀、空間、時間、科學、計算、自然、行為、……之中找出模式。幾何 (Geometry) 聚焦於形狀的模式，而微積分 (Calculus) 則在研究運動與改變的模式。統計 (Statistics) 聚焦於母體 (population) 與機會 (chance) 的模式。數學也可以成為我們日常生活之模式的研究。這裡有一些例子：

德國坦克問題

美國 M4 雪曼戰車 對 德國豹式戰車

美國 M4 雪曼戰車是二次世界大戰時美國與西方盟國主要使用的戰車

美國 M4 雪曼戰車　　　　　德國豹式戰車

(Remix: Joost J. Bakker - M4 Sherman tank, CC BY 2.0, commons.wikimedia.org)

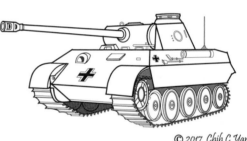

© 2017 Chih C Yang

德國豹式戰車幾乎在所有方面上都比美國 M4 雪曼戰車優越

　　在西元 1941–1942 年的二次世界大戰期間，西方盟軍對於敵軍生產豹式坦克的能力幾乎沒什麼想法。所以在諾曼地登陸 (D-Day) 之前，盟軍就很急於知道這些戰車的生產數量。

　　而透過正規情報與戰場數量所收集到的資訊是既矛盾又不可靠。結果是，數學家被徵召來協助。

統計的估計式 (Statistical Estimator)

▶ 從被繳獲或被摧毀的坦克、變速箱和其他零件的序列號中，統計員發現一個模式並找出一個估計式。根據這個估計公式，他們估算出德國一個月生產了 246 輛戰車。

▶ 戰後繳獲的德國生產紀錄顯示實際生產率為一個月 245 輛。

▶ 在商業上的應用，這個方法可用於審計、信用檢查以及市場調查。一個例子是「雲端運算」(cloud computing) 市場的測量。許多公司對於公司收入與顧客隱私會採保密措施。利用這個方法，研究者破解了市場領導者亞馬遜虛擬機器的序號，並且找出對一個市場大小的估計。

轟炸機的子彈孔模式

▶ 二次大戰期間，英軍皇家空軍每天轟炸德國。

▶ 為了要提高作戰部隊能安全返航的機會，數學家沃爾德教授 (Abraham Wald, 1902–1950) 研究彈孔在轟炸機上分布的位置，並決定要在機體上加強裝甲的額外防護罩。

你覺得應該在機體哪裡加強裝甲呢？

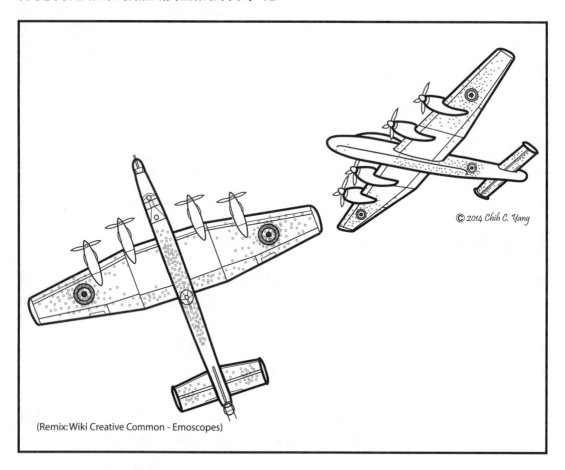

(Remix: Wiki Creative Common - Emoscopes)

© 2014 Chih C. Yang

答：樣本中較少彈孔的地方 (倖存者偏差) 加強裝甲
　　（詳見附錄）

犯罪的模式

在美國與墨西哥的邊境檢查站，快速檢查車道（Secure Electronic Network for Travelers Rapid Inspection，簡稱 SENTRI）允許具有某些資格的駕駛者可免人工檢查並快速過境。

SENTRI 的駕駛者就會是墨西哥毒品走私者的鎖定目標

毒品走私者聘僱一些青少年幫忙監看，他們的工作就是監視這些SENTRI 的駕駛，並找出他們旅行的模式。

那些具有 SENTRI 的資格者，往往是專業人士和學生，都有一致性的旅行模式。

一旦確定哪一部車輛有資格，走私者就會跟蹤這輛車子並植入一個GPS 追蹤器。他們會複製這輛車子儀表板上的車輛識別號碼，並打造兩把此車的鑰匙。

到了晚上，他們會將大麻藏在目標車輛的後行李箱中，第二天在免檢查下自動通關出境。而在美國的接收端，則會透過第二把鑰匙取回這些毒品。

毫無戒心的車輛主人便在不知情的情況下將毒品運送出境。一些無辜的人因此遭到逮捕,包括學校老師、醫師以及大學生,被拘留或扣押。

法院與執法單位都注意到在這些案例中的一種模式。

嫌犯在通過相同的 SENTRI 檢查站被拘押

所有的嫌犯皆無犯罪前科且都堅持自己是被冤枉的

在每個案例中都有兩個行李袋

多數嫌犯都開相同款式的車子

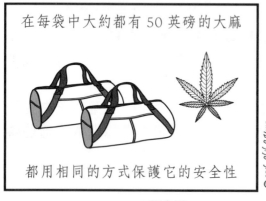

　　在 FBI 展開的追蹤調查下,終於在 2012 年抓到兩名艾爾帕索 (El Paso)❶人將之定罪,還給受害者們一個公道。

---

❶譯注:艾爾帕索(西班牙語:El Paso)是美國德克薩斯州艾爾帕索縣縣治,位於德州極西部。

挖掘大數據：找到隱藏的模式

　　數據挖掘是一種分析過程，用於研究大數據中隱藏的模式和趨勢。它提供一種尋找資料的新方法。

© 2016 Chih C Yang

　　如同一個電腦科學與數學的跨學科領域，數據挖掘已經廣泛運用在新產品的開發、銷售活動、回客率，以及銀行、店家、電信業者等等的詐騙監控。科學家也採用它做為一種研究工具。數據挖掘的過程包含了人工智慧、資料庫系統與數學（亦即集合、代數、統計、圖形等等）。

　　在金融業，數據挖掘的例子之一就是評估給客戶的貸款額度。

貸款支付的風險因素，包括貸款與估值比率 (loan-to-value ratio)，貸款期限，貸款人的收入、教育程度、不動產、信用紀錄、⋯⋯等等。藉由分析信用紀錄，計算決定最主要的風險因素是收支比 (payment-to-income ratio) 而不是貸款人的個人資料如教育程度、不動產、位階與收入。

在生物資訊學的數據挖掘

在過去十年裡，有一個爆炸性的生物醫療研究。大部分生物醫療研究注重在 DNA 的序列分析，進而發現很多的疾病成因跟基因有關。

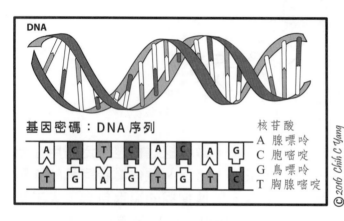

DNA 序列的模式是描述結果而不是只有數字而已。

然而，解讀序列是一項艱鉅的工程。一個人大約有 10 萬個基因。一個基因是由數以百計的核苷酸以某一種特定的序列排法所組成。而基因裡的核苷酸排法又有無限多種。

想要特定研究識別出單一的可能序列，就像試圖在草堆裡尋針一樣困難。

© 2016 Chih C Yang

　　用非數值的模式處理大量的數據是一個巨大的挑戰。很幸運地，憑藉先進的技術像是模式分析與數據視覺化，數據挖掘在研究或解讀 DNA 序列上就是非常強而有力的工具。

© 2017 Chih C Yang

有限差分法的模式

　　有限差分法（Finite Difference Method，一種計算變化率的方法），是利用離散類比來計算導數 (derivative)。這類的方法大多源自於牛頓的著作，同時幾世紀來仍然受到數學家們的青睞。這個方法有個重要的應用就是在數值分析與電腦科學中。

下面是一個數據平滑 (data-smoothing)[2]的例子：

> 例子：
>
> 　　在下面的數字中，有一個數字寫錯，請問是哪一個呢？
>
> 　　　　1　3　6　11　20　31　48　71　101
>
> 　　提示：當你做到第四次差分時會發現某種模式

你找到了嗎？

（解答詳見附錄）

---

[2] 譯注：數據平滑是透過一種算法來清除數據中的雜訊，這使重要的模式能脫穎而出，可用於預測趨勢。

參考文獻

❶Criminal Complaint; Case No. 11–3330–G; United States of America v. Jesus Chavez, Western District of Texas, United States District Court, July 1, 2011.

❷David S. Moore; *The Basic Practice of Statistics*, 2nd Edition. W. H. Freeman and Company, New York, NY10010, 2000.

❸Evans, James R.; *Business Analytics: Methods, Models, and Decisions*, Pearson Education, 2013.

❹Han, Jiawei and Kamber, Micheline; *Date Mining: Concepts and Techniques*, 2nd Edition; The Morgan Kaufmann Series in Data Management Systems. Amsterdam: Elsevier, 2006.

❺Kantardzic, Mehmed; *Data Mining: Concepts, Models, Methods, and Algorithms*, 2nd Edition, Institute of Electrical and Electronics Engineers, John Wiley & Sons, 2011.

❻Ruggles, Richard and Brodie, Henry; "An Empirical Approach to Economic Intelligence in World War II," *The Journal of the American Statistical Association*, Vol. 42, No. 237, pp. 72–91, March 1947.

❼Sawyer, W. W.; *Introducing Mathematics 3: The Search for Pattern*, Penguin Books, Baltimore, Maryland, 1970.

❽Rao, G. Shankar; *Numerical Analysis*, New Age International, Daryaganj, Delhi, Ind. 2006.

❾Scheid, Francis; *Theory and Problems of Numerical Analysis, Schaum's Outline Series in Mathematics*, McGraw-Hill Book Company, New York, 1968.

❿Tank in the cloud, "Information technology goes global," p. 49, *The Economist*, January 1, 2011.

⓫The FBI Press Releases; "El Paso Man Sentenced to 20 Years in Federal Prison in Marijuana Smuggling Scheme;" El Paso Division, Western District of Texas, U.S. Attorney's Office, September 11, 2012.

3

抽象與思想實驗

為何抽象？

一個 2000 年的老問題

有個古老的故事，歐幾里得（Euclid，約西元前 325– 前 265）的一位學生，向歐幾里得學習幾何的第一個定理時即表明問：「我從學習這些事物中可以得到什麼？」於是歐幾里得召喚他的僕人並告訴僕人說：「給他三分錢，因為他想要從他所學的知識中獲取利益。」

這學生的問題也是一般學生的問題：「為什麼我一定要學這些抽象的東西？」有一個答案就是某些人發現這些抽象知識是有用的，而且應用的範圍很廣。然而還有些內涵是比應用更為重要的。

數學是一門需要大量思考的學科。這樣的抽象思考需求已滲透到現代數學的每一個分支。然而對於其他的學科而言，抽象思考也是不可或缺的，諸如：科學、工程、商業、法律、醫學以及教育。但是沒有一個學科比抽象數學更能培養這些思考技能。

具體思考與抽象思考

舉例

具體思考
—實境與有形的物體

抽象思考
—深度思考以及一般性的概念

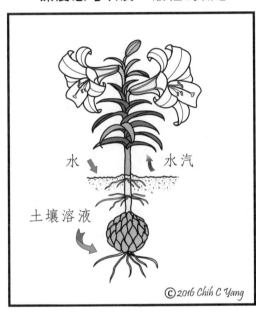

具體思考
—實境：6 個甜甜圈

抽象思考
—計數：6

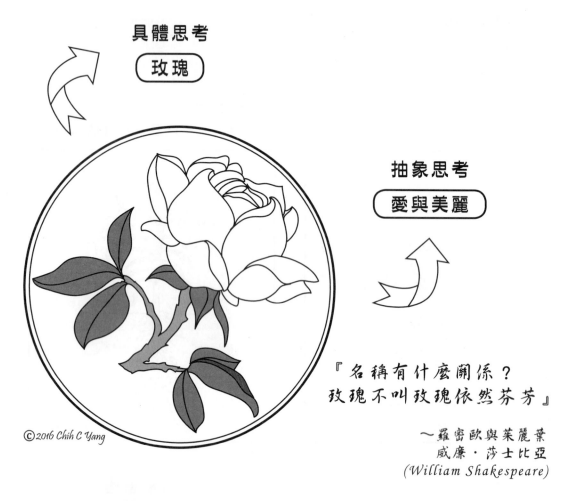

具體思考
玫瑰

抽象思考
愛與美麗

©2016 Chih C Yang

『名稱有什麼關係？
玫瑰不叫玫瑰依然芬芳』

～羅密歐與茱麗葉
威廉‧莎士比亞
(William Shakespeare)

什麼是抽象化？

　　抽象就是先忽略每一個事件中具有共同性質以外的部分，然後將共同性質中的**一般化概念**予以形式化的過程，也就是我們只擷取相關的事實或在某個特定脈絡中的重要部分，我們從不嘗試重建事實的全貌。

　　抽象化在人們的日常行為中是非常自然的，我們一直在不自覺的情況下操作它。

藝術中的抽象化

數學是模式的科學；繪畫就是透過模式來表達 (Jensen, 2009)。

現代的抽象繪畫已經從**感知的** (perceptual) 發展到**概念的** (conceptual)。

感知的

——要完整的重現一個圖像時，圖像的外觀是最重要的部分。

Whistlejacket, George Stubbs, c 1762. (©Wikimedia Commons)

畫家喬治‧史塔布斯 (George Stubbs)，描繪這匹馬時，相當著重繪畫的細膩度。

概念的

　　繪出一種想法或情感；而此想法或情感代表了這幅畫背後最重要的面向。

Reiter, Wassily Kandinsky, 1911. (©Wikimedia Commons)

　　對藝術家康丁斯基 (Wassily Kandinsky) 來說，繪畫是一種深層的性靈交流。他將非客觀的、抽象的藝術作品視為一種完美理想的視覺模式，用來傳達人類的思想和情感。

Blue Horse I, Franz Marc, 1911. (©Wikimedia Commons)

　　在這幅畫作中的 「藍馬」 (Blue Horse)，法蘭茲．馬克 (Franz Marc)透過描繪這匹馬傳達出和諧、平靜以及平衡的感覺。

專利法的抽象化

在專利法中，專利是發明人定義他（她）對這項發明的專賣權範圍。「發明」牽涉到有實體的操作器械或程序。

舉例：萊特兄弟 (Wright Brothers) 的專利

萊特兄弟於 1903 年發明了可完全控制的木製飛行機器。

這種機器就是一種實體的物體

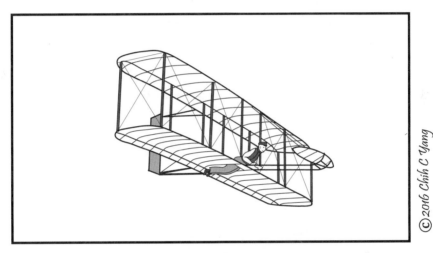

© 2016 Chih C Yang

1906 年，萊特兄弟獲得了這項專利

行之於文的專利發明宣告則是抽象的。

「……一種一般扁平型的飛行機器，其側向邊緣部分具有能夠移動飛機機體到其機體平面上方或下方不同位置的能力，這種移動就是與橫向飛行線有關，由此所述，側向邊緣部分可以移動至機體平面所相對應的不同角度，以便於在大氣層中提供不同的切入角度，對於側向邊緣部分移動的意義，基本上如上所述……」。（節錄──美國專利 821, 393）

　　萊特兄弟的發明提出了製作飛行機器的想法和原則。尤其是，它牽涉到可控制的航空器**定義**，它涵蓋了木製機器以及最現代的航空器。

現代的固定機翼飛機仍然使用相同的三軸控制概念

　　儘管有超過 30 件侵權訴訟，專利成功得到了捍衛，以致在 17 年的專利期間內沒有人能夠打破這項專利。

電腦科學的抽象化

抽象化一直是電腦科學的核心概念。

舉例：簡化電路設計

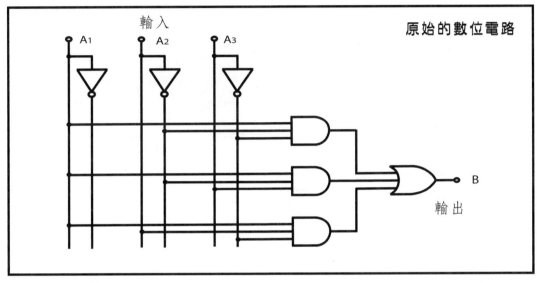

原始的數位電路

數位電路能夠以布林函數（Boolean function）表來表示。

從函數表中分離出來簡化的布林表示式，然後設計成電路。

布林函數表

輸入			輸出
A_1	A_2	A_3	B
0	0	0	0
0	0	1	0
0	1	0	0
0	1	1	0
1	0	0	1
1	0	1	1
1	1	0	1
1	1	1	0

電路的抽象化

等價的

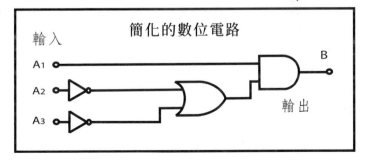

簡化的數位電路

分層抽象化

分層式處理抽象化可減少系統的複雜度,而且提升成效度。

舉例:微波爐的設計

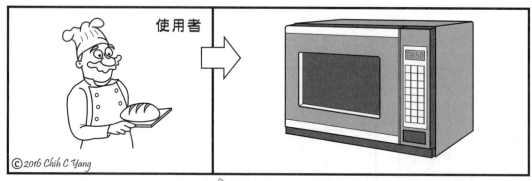

對使用者而言,微波爐只是
一個黑色盒子。

使用者不需要知道內部的構造。

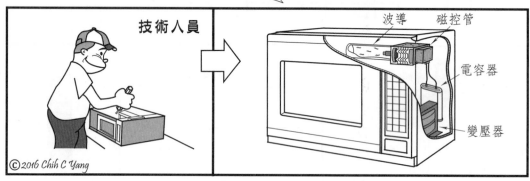

一個技術人員只需要組裝零件,
不需要知道這零件是如何製成的。

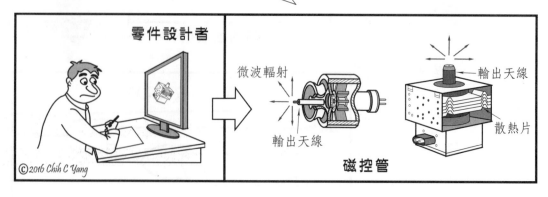

電腦中的分層抽象化

分層抽象化概念已廣泛使用於電腦與資訊科技。

舉例：電腦內部結構

早期電腦並沒有任何硬體抽象化的形式。

早期的年代，程式設計師必須會親自操作機器。

操作機器是複雜的、困難的以及冗長無聊的。

建立抽象的多元分工，大大地簡化了計算系統。

隨著抽象的多元分工出現，程式設計師只要了解並聚焦在他們工作的那個部分即可。

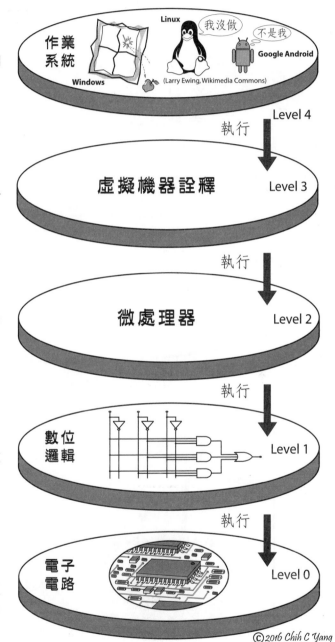

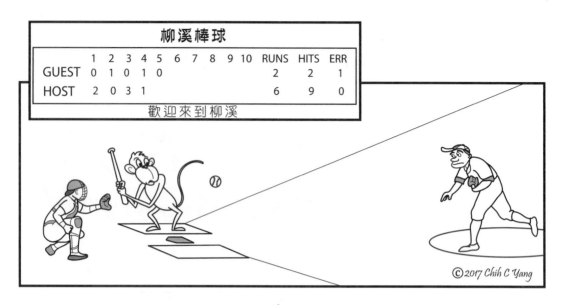

抽象思考者可以明白在棒球遊戲中所運用的策略，
就像行銷產品。
抽象思考者可以洞察到他人所沒想到的類比與關係。

應用：福特 T 型車組裝生產線

1913 年，福特汽車公司經理威廉・克萊恩 (William C. Klann) 拜訪了芝加哥一處屠宰場。在那裡，已宰的豬體是經由推車移動，方便讓每個屠夫執行專門特定的任務。這種將豬體切成肉塊的高效模式給了克萊恩一個想法。

「如果他們可以透過生產線將已宰豬體一步一步地切割成肉片，那麼我們為何不能以相同方式來組合汽車呢？」

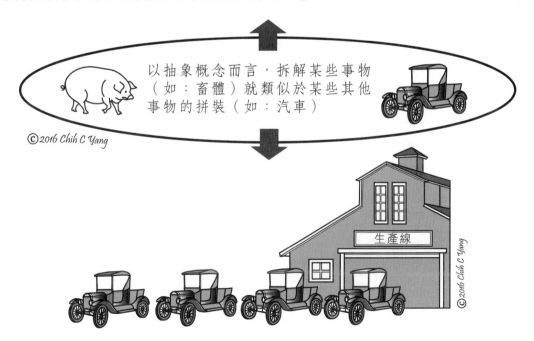

以抽象概念而言，拆解某些事物（如：畜體）就類似於某些其他事物的拼裝（如：汽車）

在 1913 年 12 月 1 日，福特汽車公司推出了全世界第一臺移動式組裝生產線，也改變了汽車工業。

抽象化允許你用不同觀點看待事物，它幫助你向框架外思考，就像是可以替問題找到創意解答的一種方法。

©2017 Chih C Yang

思想實驗

　　思想實驗就是一種抽象思考的方法。它允許我們在想像中檢驗假設或者理論，而不是在實驗室中。儘管它是不切實際的，甚至是不合常理的，無論何時進行檢驗，思想實驗都是無價的。常常思想實驗可以幫助我們釐清並了解抽象的概念或情境。

柏拉圖的洞穴寓言

　　在柏拉圖（Plato，西元前 427– 前 347）所著的《理想國》一書中的第七卷，柏拉圖引用了一則在洞穴中的囚犯試圖想要理解外面真實世界想法的寓言故事。他利用這個寓言故事幫助讀者理解我們幾乎很少或不曾直接看到的真實世界。因為我們總是運用自我解讀、自我理解的方式來過濾並取代真正的事實。

柏拉圖的洞穴寓言（接續）

　　想像一群囚犯，從童年開始就被鐵鍊綑綁在洞穴之中，而且在這群俘虜者的背後，還有一道火焰投射著許多的影子。從囚犯的觀點來看，他們所能看到的就是一群攜著很多東西的人們從他們身後經過的影子，就像一群雕像或是動物的輪廓。儘管這些影子就是這些囚犯所有僅知的，他們仍是可以依此推論外面世界的生活必定是如此。

　　那麼如果這些囚犯被釋放了，當他們看到了這些影子所呈現的真實情境，他們的想法又是什麼？根據柏拉圖所說：「對他們而言，真相不過就是想像的影子」。

　　柏拉圖的洞穴寓言，說明了即使人們對它的實際運作方式仍然感到茫然，也可能會對某些事物有所啟發。柏拉圖的洞穴寓言演示了，走出洞穴可以導致對世界有更清晰的理解。

　　這個寓言一直都有很多不同的詮釋，也常被西方的作家拿來做一些隱喻。

現代版的洞穴囚犯

©2016 Chih C. Yang

　　在柏拉圖隱喻中的影子類似於我們的電子設備。我們透過虛擬網路（cyber-virtuality）來理解真實的世界。

小約翰的思想實驗——環遊世界

小約翰想要去環遊世界。以下是小約翰想像如何去中國旅行的思想實驗。

1. 他坐在一個可以從地面升空的熱氣球中去旅行。

2. 然後這個熱氣球會飄浮在空中的某一個位置,而且不會隨著地球轉動。

3. 當到達他的目的地時,小約翰就將熱氣球下降。

熱氣球並不會隨著地球轉動。

地球轉動的速度保持在 1670 公里 / 小時(1070 英里 / 小時)

小約翰的思想實驗正確嗎?
正確或不正確?為什麼?

(請參看 P.41 伽利略的帆船實驗)

轉動的地球

直到第 16 世紀，大部分的科學研究都還是奠基在觀察或思想實驗。亞里斯多德（Aristotle，西元前 384– 前 322）以及他的追隨者也不曾操作物理的實驗。

在同時代，哥白尼 (Copernicus, 1473–1543) 等人設定了天體的軌道是繞著太陽運行。他們指出地球每 24 小時自轉一圈。一開始，大家對於這些想法有著強烈的反對意見，且不僅僅是只來自宗教當權者。

地球靜止不動的辯駁

亞里斯多德學派的觀點

亞里斯多德學派的科學家們相信地球是不動的。根據這個觀點，如果地球在它的軸上自轉，那麼一門砲彈向東邊發射就不會距離砲臺發射處更遠，因為地球的轉動會迅速地將砲臺向東移。

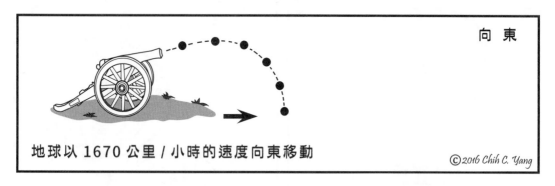

同理可證，一門砲彈向西邊發射，它就會離砲臺更遠。

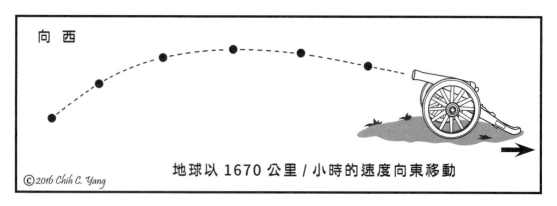

觀測結果說明了從不同方向發射的砲彈，行經距離並無不一致。

伽利略的帆船實驗

　　伽利略 (Galileo Galilei, 1564–1642) 藉由砲彈如果是從行進中的船隻的桅杆上掉落下來將會發生什麼樣的情形，來回應亞里斯多德學派學者的想法。在這個思想實驗中，行進中的船可比擬為運動中的地球。

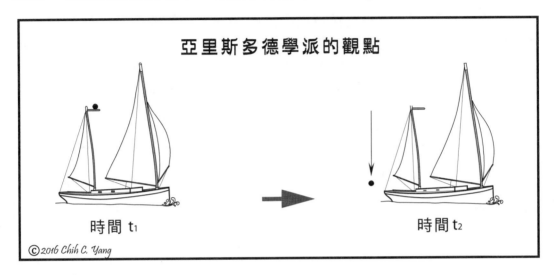

　　根據亞里斯多德學派的觀點，行進中的帆船將會移動的比砲彈快，因此掉落下的砲彈將會在後面。也就是砲彈將會在桅杆或船的後方。

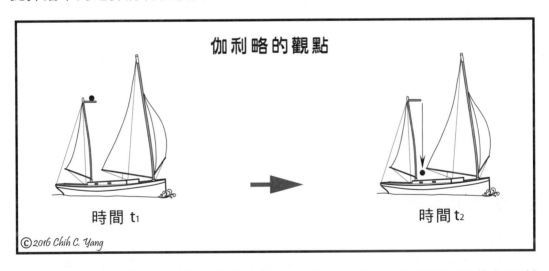

　　從伽利略的觀點來看，一個在船上的觀察者將會看到砲彈從桅杆頂掉落，而且正好落在桅杆的底部。操作這個實驗說明了地球是移動的，這是有可能的。
　　伽利略用一個專有名詞**「慣性定律」**來說明這個現象，這個定律是以傾斜平面為基礎所做的實驗。

伽利略的帆船實驗（接續）

> **慣性定律：**物體的運動，將以相同的速度和方向持續運動，直到受到外
> 力作用阻止。

　　在砲彈落下前，它一直與行進中的帆船同方向等速運動。雖然砲彈垂直速度改變，但它的水平速度仍保持與帆船相同的常數。在船上的船員與砲彈及帆船有著相同的水平慣性，所以他會看到球直線落下。

　　然而，站在岸邊的觀察者將會看到砲彈以不同的軌跡落下。

從岸邊的某處觀察航行中的帆船

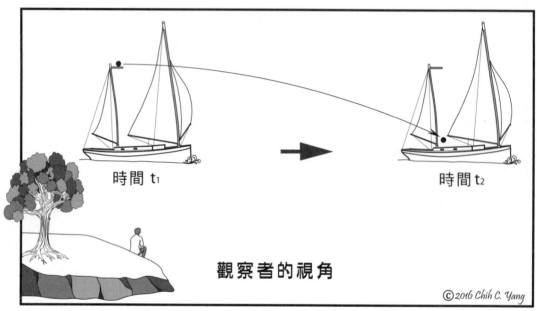

一位岸邊的觀察者看到的球是持續水平地移動落下，在這個例子中，球的軌跡是一條拋物線。

伽利略的相對論

　　伽利略發現所有的運動都是相對的。當一個人站在船上看另一艘船經過時，如果沒有參照其他的物體，例如：樹或海岸線，這個人是無法辨別到底是哪艘船正在移動。幾個世紀後，相對論的觀念成為愛因斯坦空間相對論的基礎。

愛因斯坦的火車實驗

阿爾伯特·愛因斯坦 (Albert Einstein, 1879–1955) 是思想實驗的專家。他創造了偉大的思想實驗活動來說明相對論。

舉例：時間膨脹 (Time Dilation)

根據愛因斯坦的狹義相對論 (Theory of Special Relativity)，當速度接近光速時，時間就變慢了。一個思想實驗可以用來說明這個現象。

在這一個實驗中，愛因斯坦正駕駛一輛裝有光計時時鐘（簡稱光定義鐘）的快速移動火車。

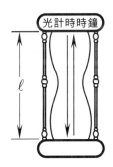

一個光計時時鐘包含了兩個鏡子來回反射光束。光從一個鏡子反射到另一個鏡子後，再反射回鏡子的時間作為時鐘的一個滴答。

現在想像愛因斯坦和光計時時鐘在火車上以相同的速度移動。從愛因斯坦的觀點看來，光束在二面鏡子之間作直線上下移動。

愛因斯坦的火車實驗（接續）

然而對一個旁觀者而言，在這時鐘裡的光脈衝並不是上下直線運動。相對地，它是以對角線路徑呈 Z 字形上下移動。那麼在移動中的火車上，光束行走的距離比較長。所以從旁觀者看來，愛因斯坦火車上的光計時時鐘所發出的滴答聲就會比來自於旁觀者旁的光計時時鐘來得慢。

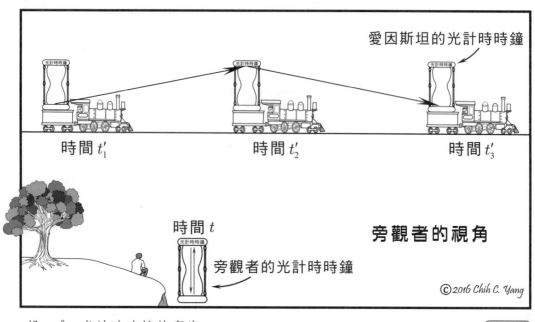

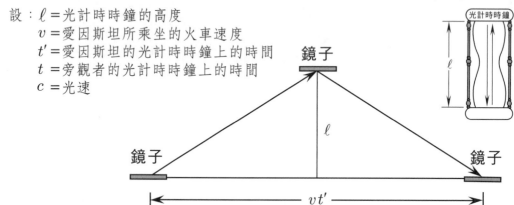

設：$\ell =$ 光計時時鐘的高度
$v =$ 愛因斯坦所乘坐的火車速度
$t' =$ 愛因斯坦的光計時時鐘上的時間
$t =$ 旁觀者的光計時時鐘上的時間
$c =$ 光速

運用代數計算，我們可以建立一個公式來計算火車上的時鐘究竟慢了多少時間。

當 v 很接近光速 (c) 時，t' 就會遠大於 t，這就代表當火車的速度接近光速時，愛因斯坦的時間就近乎停了下來。

$$t' = \frac{t}{\sqrt{1 - \dfrac{v^2}{c^2}}}$$

愛因斯坦的孿生雙胞胎
——在狹義相對論中的思想實驗

艾爾 (Al) 和柏特 (Bert) 是同卵雙胞胎,而艾爾留在地球上,柏特以接近光速的速度搭乘火箭進入太空。

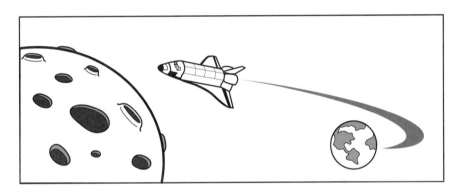

由於時間膨脹(參考前一節),當柏特以非常高的速度在旅行時,他的時間就慢下來了。

之後,當柏特回到家時,
發現他的兄弟變老了。

應用

　　思想實驗通常運用在物理和哲學。在數學、生物、電腦科學、經濟、法律以及金融上也很實用。

舉例：數學中的無限猴子理論

　　在數學中，無限猴子理論指的是一隻猴子在鍵盤上隨機敲打任一鍵，經過無限次數的敲打，最終會敲打出有意義的文章，比如莎士比亞的十四行詩。

©2017 Chih C. Yang

　　這個思想實驗用於說明無限週期內機率的本質。
　　雖然這猴子敲打出莎士比亞的十四行詩的機率是不可思議的渺小，但它不等於零。

從思想實驗到電腦實驗乃至虛擬實境

隨著科技的進步，思想實驗與電腦實驗之間的關係已經引起科學家以及哲學家的注意。電腦實驗在未來將扮演著愈來愈重要的角色，這議題一直在被討論著，尤其是在複雜現象的領域。一些科學家也已提出將影像遊戲作為可執行的思想實驗。

虛擬實境

©2016 Chih C. Yang

虛擬實境就是一種電腦模擬真實或想像的世界所生成的 3D 人造環境。使用者可以使用特殊的電子設備與人造環境進行互動。

參考文獻

❶ Bajnok, Bela; *An Invitation to Abstract Mathematics*, Springer, 2013.

❷ Gamwell, Lynn; *Mathematics and Art*: A Cultural History, Princeton University Press, NJ, 2016.

❸ Gray, Jeremy; *Plato's Ghost: The Modernist Transformation of Mathematics*, Princeton University Press, 2008.

❹ Heath, Thomas Little, Sir; *A History of Greek Mathematics*, The Clarendon Press, 1921.

❺ Kleiner, Israel; *A History of Abstract Algebra*, Birkhauser Boston, 2007.

❻ Maddox, Randall B.; *A Transition to Abstract Mathematics: Learning Mathematical Thinking and Writing*, 2nd Edition. Elsevier, UK, 2009.

❼ Printer, Charles C.; *A Book of Abstract Algebra*, 2nd Edition. McGraw-Hill Publishing Company, 1990.

❽ Plato and Benjamin Jowett; *The Republic*, from a 1892 edition, The Floating Press, 2009.

❾ Pohlen, Jerome; For Kids Series: *Albert Einstein and Relativity for Kids: His Life and Ideas with 21 Activities and Thought Experiments*, Chicago Review Press, 2012.

❿ Siu, Man-Keung; *Why Is It Difficult to Teach Abstract Algebra?*, The University of Hong Kong, 2004.

⓫ Sorensen, Roy A.: *Thought Experiments*; Oxford University Press, New York, 1998.

⓬ Stallings, William; *Computer Organization and Architecture*, 7th Edition, Pearson Prentice Hall, NJ, 2006.

⓭ Wright, Orville and Wilbur Wright; *Flying Machine*, US Patent No. 821, 393, 1903.

⓮ Webb, Stephen; *Out of this World: Colliding Universe, Branes, Strings, and Other Wild Ideas of Modern Physics*, Copernicus Books, 2004.

4

集合與無限

為何有集合論？

蓋房子前先了解你的地基

集合論 (Set theory) 就是現代數學的基礎。

集合論

©2016 Chih C Yang

　　大部分的數學學門分支，都是經由好幾世代的數學家努力，長期累積而來的。

©2016 Chih C Yang

　　但集合論卻是在 19 世紀末由格奧爾格·康托爾 (Georg Cantor, 1845–1918) 所創立的。

無限集合

康托爾教我們如何藉由比較有限集合的方法去比較**無限集合** (Infinite Sets) 的大小——透過像**基數** （cardinality，**集合的元素個數**） 與**可數** (denumerability) 這些清楚的概念定義。

芝諾悖論：阿基里斯和烏龜

在康托爾的年代之前，人們對無限的理解非常匱乏，而在數學上的無限又是隱晦且充滿矛盾的。**芝諾悖論** (Zeno's Paradox) 就是一個這樣的例子（西元前 490– 前 425 年）。

©2016 Chih C Yang

在一場賽跑中，阿基里斯讓烏龜的起跑點在他前面領先一段距離，我們就說是 10 公尺吧。阿基里斯必須跑 10 公尺才能到達烏龜剛才的起跑點，但當他到達這個起跑點時，烏龜又已經跑到更前面的位置了。無論如何追趕，每當阿基里斯抵達烏龜剛才的位置，烏龜又已經跑到更前面的位置了。因為阿基里斯必須到達沿路上烏龜前進路線的無數多個位置點，所以他根本追不上烏龜。

在中世紀時期，歐洲的數學發展幾乎是停滯不前的。無限的概念已經成為一門神學而非科學了。

宇宙間大部分的模式都被認為是有限的，唯一的無限是上帝。

直到 16 世紀，無限才被接受與紀錄下來，視同數學上一門合理的、正當的研究主題。

無限是多大？

在有限的世界中計數

在數字發明之前，牧羊人用一堆小石子與羊群一對一配對，一顆小石子對應一隻羊。當牧羊人拿著小石子與羊群逐一對照，若對照完後發現小石子有剩，則代表有羊隻走失。

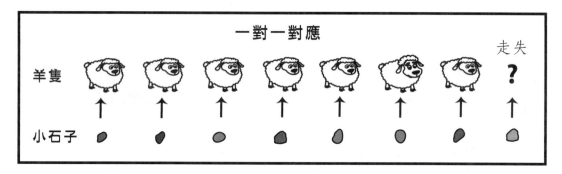

在數字發明之後，計數才變成可能的事。在計數時，自然數取代了小石子，並以一對一的方式與羊隻配對。

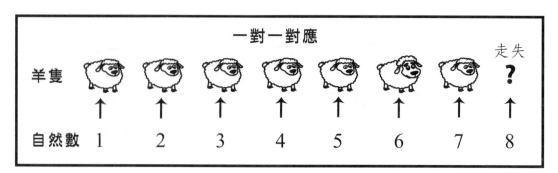

　　計數──一種比使用小石子來配對更為抽象的一對一形式──比較有限集合的大小時運作良好。但是當數學家將它拿來比較無限集合的個數時，就導致矛盾與悖論發生。

無限集合的計數

悖論 1

試著想像以一對一配對方式計算所有正偶數的個數

正偶數	2	4	6	8	10	12	14	…	$2n$	…
	↑	↑	↑	↑	↑	↑	↑		↑	
自然數	1	2	3	4	5	6	7	…	n	…

　　根據上表，你可以看到每一個正偶數都有一個自然數對應。那麼，它看起來好像偶數集合與自然數集合（包括奇數）是「一樣多」的。

悖論 2

　　另一個藉由一對一對應來比較大小的例子：

　　C_1 和 C_2 是兩個同心圓，a_1 是 C_1 圓上的一點，a_2 是 C_2 圓上的一點，且 a_1 與 a_2 都落於從同心圓畫出的一條射線上。因此對每一條我們所畫的射線，我們都可以建立一個圓 C_1 上的點和圓 C_2 上的點之間的一對一對應。

　　因此，我們可能得到圓 C_1 和圓 C_2 是「相同大小」的結論。

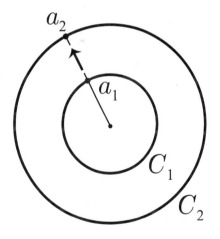

　　悖論是一種看似矛盾或不合邏輯的敘述，但那也可能是對的。

無限集合的比較

我們需要精確的專有名詞來描述要比較的內容。

子集合與基數

你熟知自然數所形成的集合 $\mathbb{N}$，與正偶數所形成的集合 E。E 的每一個元素也是 $\mathbb{N}$ 的元素。如此，我們就說 E 是 $\mathbb{N}$ 的一個**子集合** (subset)，記作 $E \subset \mathbb{N}$。

A 集合的所有元素數就稱為**基數**，記為 $|A|$。

康托爾用「大小」(size) 來區分無限集合。若兩個集合能夠完全的一對一對應，那麼這兩個集合就視為有「相同的大小」，意即兩個集合的基數相等。

這裡就有一個自然數集合和正偶數集合形成的一對一對應。

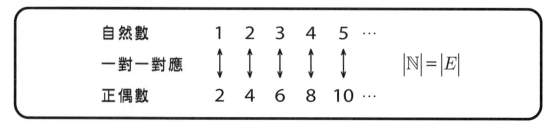

因此，自然數集合的元素個數與正偶數集合的元素個數相等。

可數的無限集合

　　自然數集合的基數，稱為阿列夫零 $\aleph_0$ (aleph zero)。康托爾預見了無限基數的完整系統 $\aleph_0$、$\aleph_1$、$\aleph_2$、…，其中 $\aleph_0$ 是最小的。任何集合若與自然數 $\mathbb{N}$ 的基數相等，則稱這個集合為**可數的 (countable)**，或是可數無限集合。

$$\textbf{整數集合}\ \mathbb{Z}\ \textbf{是可數的。}\qquad |\mathbb{Z}| = |\mathbb{N}| = \aleph_0$$

整數 $\mathbb{Z}$	0	1	-1	2	-2	3	-3	4	-4	…
	↑	↑	↑	↑	↑	↑	↑	↑	↑	
自然數 $\mathbb{N}$	1	2	3	4	5	6	7	8	9	…

$$\textbf{自然數的平方}\ \mathbb{N}^2\ \textbf{是可數的。}\qquad |\mathbb{N}^2| = |\mathbb{N}| = \aleph_0$$

平方數 $\mathbb{N}^2$	1	4	9	16	25	36	49	…	n^2	…
	↑	↑	↑	↑	↑	↑	↑		↑	
自然數 $\mathbb{N}$	1	2	3	4	5	6	7	…	n	…

$$\textbf{正奇數的集合}\ A\ \textbf{是可數的。}\qquad |A| = |\mathbb{N}| = \aleph_0$$

正奇數 A	1	3	5	7	9	11	…
	↑	↑	↑	↑	↑	↑	
自然數 $\mathbb{N}$	1	2	3	4	5	6	…

　　兩個可數的集合其聯集也是可數的。例如，正偶數的集合 E 與正奇數的集合 A 兩者皆為可數的。

$$E\ 與\ A\ 的聯集，E \cup A = \mathbb{N}$$

因為 $|E| = |A| = |\mathbb{N}| = \aleph_0$，$|E \cup A| = \aleph_0 + \aleph_0 = |\mathbb{N}| = \aleph_0$
所以 $E \cup A$ 是可數的。

希爾伯特的旅館

希爾伯特的旅館 (Hilbert's Hotel) 是一個思想實驗，闡述一個無限集合的有趣特性。

每當有一位新客人到達，旅館經理會釋放 1 號房給新客人入住，並將原本 1 號房客轉移至 2 號房，原本 2 號房客轉移至 3 號房，以此類推，將所有舊房客轉移至新房間。透過重覆這樣的步驟，便可騰出空房間給任意有限多的新客人入住。

旅館房客的基數加 1 仍然還是阿列夫零，$\aleph_0 + 1 = \aleph_0$。

　　當有無限多位新客人到達時，旅館經理會把原本 1 號房客轉移至 2 號房，原本 2 號房客轉移至 4 號房，原本 3 號房客轉移至 6 號房，總之，就是將原本 n 號房客轉移至 2n 號房。那麼所有奇數號房（無限多間）便可騰出來給新客人了。

　　旅館原有房客的基數加上無限多位新房客的基數仍然是阿列夫零，$\aleph_0 + \aleph_0 = \aleph_0$。

　　無限集合的基數不是一個「數」，因此不符合數學上一般運算的規則。

有理數集合是可數的嗎？

將有理數 $\dfrac{p}{q}$ $(q \neq 0)$ 排列成一個方陣：

$$
\begin{array}{ccccccc}
\vdots & \vdots & \vdots & \vdots & \vdots & \vdots & \vdots \\
\cdots \dfrac{4}{-3} & \dfrac{4}{-2} & \dfrac{4}{-1} & \dfrac{4}{1} & \dfrac{4}{2} & \dfrac{4}{3} & \dfrac{4}{4} \cdots \\
\cdots \dfrac{3}{-3} & \dfrac{3}{-2} & \dfrac{3}{-1} & \dfrac{3}{1} & \dfrac{3}{2} & \dfrac{3}{3} & \dfrac{3}{4} \cdots \\
\cdots \dfrac{2}{-3} & \dfrac{2}{-2} & \dfrac{2}{-1} & \dfrac{2}{1} & \dfrac{2}{2} & \dfrac{2}{3} & \dfrac{2}{4} \cdots \\
\cdots \dfrac{1}{-3} & \dfrac{1}{-2} & \dfrac{1}{-1} & \dfrac{1}{1} & \dfrac{1}{2} & \dfrac{1}{3} & \dfrac{1}{4} \cdots \\
\cdots \dfrac{-1}{-3} & \dfrac{-1}{-2} & \dfrac{-1}{-1} & \dfrac{-1}{1} & \dfrac{-1}{2} & \dfrac{-1}{3} & \dfrac{-1}{4} \cdots \\
\cdots \dfrac{-2}{-3} & \dfrac{-2}{-2} & \dfrac{-2}{-1} & \dfrac{-2}{1} & \dfrac{-2}{2} & \dfrac{-2}{3} & \dfrac{-2}{4} \cdots \\
\cdots \dfrac{-3}{-3} & \dfrac{-3}{-2} & \dfrac{-3}{-1} & \dfrac{-3}{1} & \dfrac{-3}{2} & \dfrac{-3}{3} & \dfrac{-3}{4} \cdots \\
\vdots & \vdots & \vdots & \vdots & \vdots & \vdots & \vdots \\
\end{array}
$$

我們定義一種在自然數 $\mathbb{N}$ 和有理數 $\mathbb{Q}$ 之間的映射，如下圖的路徑：

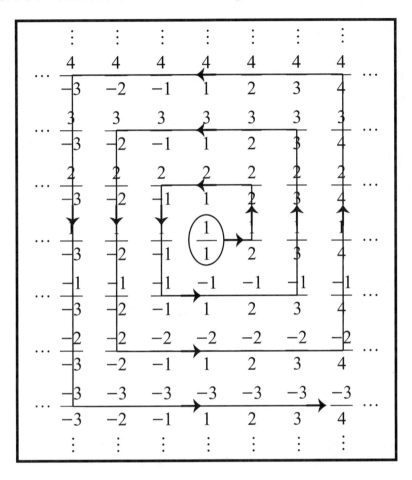

有一些重複的數像 $\frac{2}{2} = \frac{3}{3} = \frac{4}{4} = \cdots$ ， $\frac{1}{2} = \frac{2}{4} = \cdots$ ，等等。將這些重複的數消除掉，就可以得到一對一對應。

有理數 $\mathbb{Q}$	1	$\frac{1}{2}$	2	-2	-1	$\frac{-1}{2}$	$\frac{-1}{3}$	$\frac{1}{3}$	$\cdots$
	↑	↑	↑	↑	↑	↑	↑	↑	
自然數 $\mathbb{N}$	1	2	3	4	5	6	7	8	$\cdots$

$|\mathbb{Q}| = |\mathbb{N}| = \aleph_0$ ， $\mathbb{Q}$ 和 $\mathbb{N}$ 就有相同的基數。因此有理數集合是可數的。

實數

實數 (Real Numbers) 是由所有的有理數與無理數組成。在 19 世紀以前對無理數的理解仍不完全。如果我們將每一個數視為數線上的點來表示,那麼有理數並不足以完全覆蓋整條數線。它們(有理數)是**稠密 (dense)**[1]的,但仍留有無限多個「洞」。然而,實數的集合是可以填滿數線上所有的「洞」,因此有**完備性 (completeness)** 的性質。

實數集合是不可數的

自然數 $\mathbb{N}$ 與實數 $\mathbb{R}$ 之間並沒有一對一的對應,康托爾稱此為「實數的基數 c」,$|\mathbb{R}| = c$,而且證明實數的基數大於 $\aleph_0$。

微積分與實數

在 17 世紀 ,微積分被兩位數學家分別獨立發展而成——英國的艾薩克 · 牛頓與漢諾威 (Hanover,位於現在的德國境內) 的哥特佛萊德 · 威廉 · 萊布尼茲。

©2016 Chih C Yang

---

[1] 譯注:「稠密」——在任意兩個元素之間存在第三個元素。由於任意兩個有理數之間必存在有理數,因此我們說有理數是稠密的。

微積分的根基問題

　　到了 19 世紀後期，數學家們了解到想要「嚴謹地」證明微積分中的定理需要有實數的連續線，而不是一條有很多「洞」的有理數線。在西元 1872 年由理察·戴德金 (Richard Dedekind, 1831–1916) 解決了這個問題。

為了堵住數線上的這些洞花費了近百年時間

戴德金分割 (Dedekind's Cut)❷，說明了有理數線中的「洞」。

舉例：

當我們試著去切開有理數線上的一個無理數之位置點，例如 $\sqrt{2}$，會發生什麼事呢？

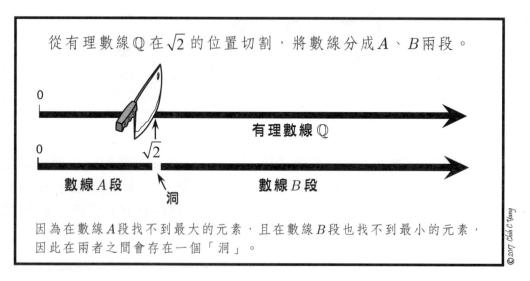

從有理數線 $\mathbb{Q}$ 在 $\sqrt{2}$ 的位置切割，將數線分成 A、B 兩段。

有理數線 $\mathbb{Q}$

數線 A 段　　　　數線 B 段

洞

因為在數線 A 段找不到最大的元素，且在數線 B 段也找不到最小的元素，因此在兩者之間會存在一個「洞」。

若數線 A 段有最大的元素或數線 B 段包含了最小的元素，那麼這個切割位置就被定義為一個有理數（意即**無洞**）。

❷譯注：實數可定義為有理數集上的戴德金分割，即是有理數集的一個劃分 (A, B)，其中 A, B 都非空，而且 A 的每個元素都小於 B 的任意元素。

　　西元 1872 年，理察·戴德金發表了他的論文《連續性與無理數》(*Continuity and Irrational Numbers*)。在數線上，有理數間有無限多個「洞」。因此有理數無法形成一個**連續統 (continuum)**❸。而這些「洞」可被無理數填滿。有理數集合加上無理數集合構成了實數集合。實數會形成一個連續統。

---

❸ 譯注：「連續統」——在集合論中，連續統是一個擁有多於一個元素的線性序集，而且其序滿足如下性質（具此性質的序稱為「稠密無洞」的）：

　1. 稠密：在任意兩個元素之間存在第三個元素。
　2. 無洞：有上界的非空子集一定有上確界。

集合論中的悖論

在西元 1901 年，伯特蘭・羅素 (Bertrand Russell, 1872–1970) 提出了集合論中的悖論，如下所示：

> 令 R 是一個集合
>
> $R = \{x \mid x$ 是一個不屬於它自己的集合所形成之集合$\}$
>
> 請問 R 是它自己的集合嗎？

若 R 是它自己的集合，那麼這個集合就有一個元素與定義不符。

若 R 不是它自己的集合，那麼集合 R 就不會包含那些所有自己不是自己的集合的集合。

這表示不是每一種組合皆可視為一個集合。

羅素的悖論引發數學家重新思考以何種方式定義一個集合。

理髮師的悖論

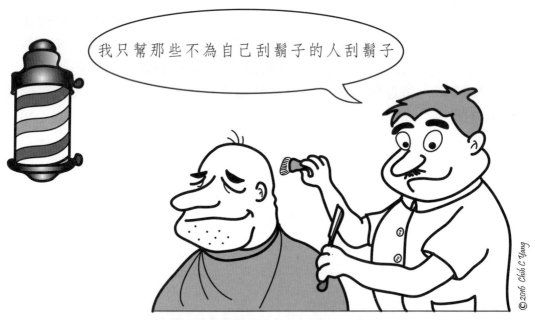

請問理髮師要幫自己刮鬍子嗎？

騙子悖論

一個騙子說：「我在說謊。」

©2016 Chih C Yang

悖論

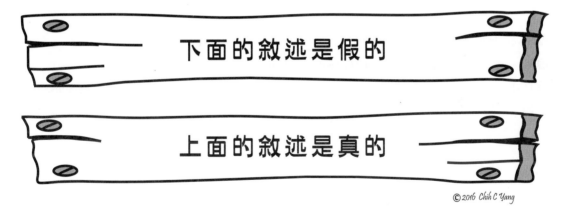

下面的敘述是假的

上面的敘述是真的

©2016 Chih C Yang

如何避免悖論或矛盾的發生？

　　集合的研究首先要有說明如何建構集合的公理 (axioms)。以理髮師悖論為例，我們會說這個理髮師是不可能存在的。這樣的悖論致使數學家了解集合之公理化公式 (Axiomatic Formulation) 的必需性。策梅洛－弗蘭克爾集合論 (Zermelo–Fraenkel Set Theory) 被公認為是康托爾想法的公理化公式，直到今天仍然如此。這對於現代數學的需求是合適的。

參考文獻

❶ Bond, Robert J. and William J. Keane, *An Introduction to Abstract Mathematics*, Brooks/Cole Publishing Co. CA. 1999.

❷ Boyer, Carl B.; Merzbach, Uta C., *A History of Mathematics*, 2nd Edition. John Wiley & Sons. NY. 1991.

❸ Breuer, Joseph, *Introduction to the Theory of Sets*, translated by Howard F. Fehr, Dover Publications, Inc., NY. 2006.

❹ Bunch, Bryan, *Mathematical Fallacies and Paradoxes*, Dover Publications, Inc., NY. 1982.

❺ Devlin, Keith J., *Sets, Functions, and Logic: An Introduction to Abstract Mathematics*, 3rd Edition. Chapman & Hall/CRC, FL. 2004.

❻ Ferreiros, Jose, *Labyrinth of Thought: A History of Set Theory and Its Role in Modern Mathematics*, 2nd Edition, Birkhauser Verlag AG, Germany. 2007.

❼ Kramer, Edna E., *The Nature and Growth of Modern Mathematics*, Princeton University Press, NJ. 1981.

❽ Maor, Eli, *To Infinity and Beyond: A Cultural History of the Infinite*, Princeton University Press, NJ. 1987.

❾ Niven, Ivan, *Numbers: Rational and Irrational*, Random House, Inc., NY. 1961.

❿ Stewart, Ian, *Concepts of Modern Mathematics*, Dover Publications, Inc., NY. 1995.

⓫ Taylor, Angus E. and W. Robert Mann, *Advanced Calculus*, 2nd Edition. John Wiley & Sons. NY. 1972.

5

數學歸納法

卡爾·弗里德里希·高斯

當高斯 (Carl Friedrich Gauss, 1777–1855) 十歲大時 ，在上一門算術課，他的老師為了讓班上同學有事做，便丟了一個困難的連續加法問題給全班同學。

高斯當下發現了一個簡短的公式並立即寫下正確的答案。

高斯是如何解出這個問題的？

將 1 到 100 的所有正整數相加總和記做 S，並將之排列成：

$$
\begin{array}{c}
1+\quad 2+\quad 3+\quad 4+\quad 5+\quad 6+\cdots+100 = S\\
+)\ 100+\ 99+\ 98+\ 97+\ 96+\ 95+\cdots+\quad 1 = S\\
\hline
101+101+101+101+101+101+\cdots+101 = 2S
\end{array}
$$

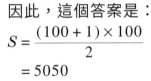

因此，這個答案是：

$$
\begin{aligned}
S &= \frac{(100+1)\times 100}{2}\\
&= 5050
\end{aligned}
$$

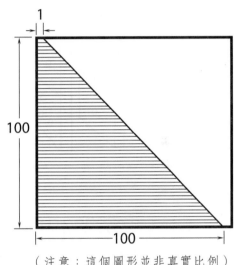

（注意：這個圖形並非真實比例）

新問題

若將 1 到 100 的所有正整數相加總和改成 1 到 n 的所有正整數相加總和，又會發生什麼呢？

$$S_2 = 1+2+3+4+5+6+\cdots+n = ?$$

運用相同的處理方法，我們得到：

$$
\begin{aligned}
S_2 &= 1+2+3+4+5+6+\cdots+n\\
&= \frac{(n+1)n}{2}
\end{aligned}
$$

藉由這個處理方法發現公式 $S_2 = \dfrac{(n+1)n}{2}$ 且得到證明。

然而，這並不是唯一一種證明方法。還有另一種不同的方法稱為**數學歸納法 (Mathematical Induction)**。

數學歸納法

　　數學歸納法的方法與推倒骨牌類似。可以想像成我們有無限多個骨牌，並將它們排成一列，如果第一個骨牌被推倒，則後面會一個接一個的倒下。

數學歸納法的原理

令 $P(n)$ 是取決於正整數 n 的敘述。
1. 若當 $n = 1$ 時，敘述 $P(1)$ 成立，而且
2. 假設當 $n = k$ 時，敘述 $P(k)$ 也成立。
3. 基於上述假設，如果當 $n = k + 1$ 時，
   敘述 $P(k + 1)$ 亦能被證明是成立的。
則對於所有的正整數 n，敘述 $P(n)$ 即成立。

例 1

請問對於任意的正整數 n，敘述 $P(n)$ 成立嗎？

$$1 + 2 + 3 + \cdots + n = \frac{n(n + 1)}{2} \qquad (A)$$

由式子(A)所生成的數字稱為三角形數(triangle numbers)。

$n = 1$ $n = 2$ $n = 3$ $n = 4$ $n = 5$

證明

 步驟 1　當 $n = 1$ 時，$1 = \dfrac{1(1 + 1)}{2}$

$P(1)$ 成立。

 步驟 2　我們假設當 $n = k$ 時，$P(k)$ 亦成立，即

$$1 + 2 + 3 + \cdots + k = \frac{k(k + 1)}{2}$$

步驟 3

接下來，令 $n = k + 1$

我們需要證明：

$$1 + 2 + 3 + \cdots + k + (k+1) = \frac{(k+1)[(k+1)+1]}{2}$$

因為已經假設

$$1 + 2 + 3 + \cdots + k = \frac{k(k+1)}{2}$$

則

$$1 + 2 + 3 + \cdots + k + (k+1)$$

$$= [1 + 2 + 3 + \cdots + k] + (k+1)$$

$$= [\frac{k(k+1)}{2}] + (k+1) = [\frac{(k^2+k)}{2}] + \frac{2(k+1)}{2}$$

$$= \frac{(k^2+k+2k+2)}{2} = \frac{(k^2+3k+2)}{2}$$

$$= \frac{(k+1)(k+2)}{2} = \frac{(k+1)[(k+1)+1]}{2}$$

所以，$P(k+1)$ 成立。

因此，對於所有的正整數 n，$P(n)$ 都成立。

例 2

請問對於任意的正整數 n，敘述 $P(n)$ 成立嗎？

$$1^2 + 2^2 + 3^2 + \cdots + n^2 = \frac{n(n+1)(2n+1)}{6} \qquad \text{(B)}$$

由式子(B)生成的數字稱為四角錐數(square pyramid numbers)。

$n=1$	$n=2$	$n=3$	$n=4$

1	$1^2 + 2^2 = 5$	$1^2 + 2^2 + 3^2 = 14$	$1^2 + 2^2 + 3^2 + 4^2 = 30$

　　有兩種方法可以證明這個。一種是從許多簡單的代數恆等式藉由邏輯推論出這個式子，例如萊維・本・熱爾鬆 (Levi ben Gershon, 1288–1344) 的證法，過程既冗長又複雜。另一種就是藉由數學歸納法證明。

證明

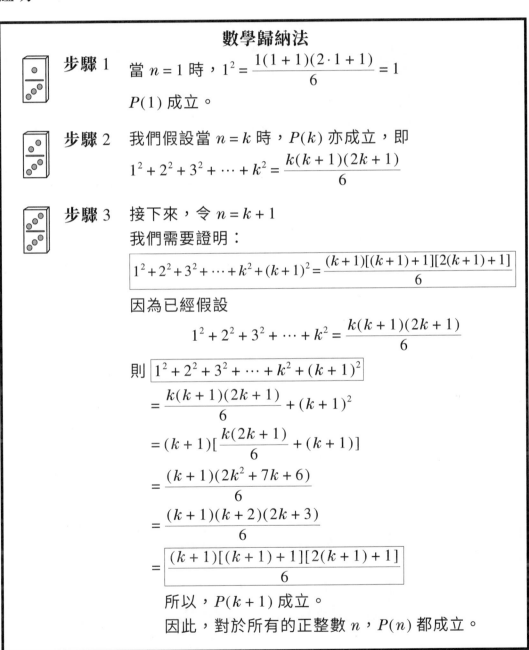

數學歸納法

步驟 1　當 $n = 1$ 時，$1^2 = \dfrac{1(1+1)(2 \cdot 1 + 1)}{6} = 1$

$P(1)$ 成立。

步驟 2　我們假設當 $n = k$ 時，$P(k)$ 亦成立，即

$$1^2 + 2^2 + 3^2 + \cdots + k^2 = \frac{k(k+1)(2k+1)}{6}$$

步驟 3　接下來，令 $n = k + 1$

我們需要證明：

$$1^2 + 2^2 + 3^2 + \cdots + k^2 + (k+1)^2 = \frac{(k+1)[(k+1)+1][2(k+1)+1]}{6}$$

因為已經假設

$$1^2 + 2^2 + 3^2 + \cdots + k^2 = \frac{k(k+1)(2k+1)}{6}$$

則 $\boxed{1^2 + 2^2 + 3^2 + \cdots + k^2 + (k+1)^2}$

$$= \frac{k(k+1)(2k+1)}{6} + (k+1)^2$$

$$= (k+1)\left[\frac{k(2k+1)}{6} + (k+1)\right]$$

$$= \frac{(k+1)(2k^2 + 7k + 6)}{6}$$

$$= \frac{(k+1)(k+2)(2k+3)}{6}$$

$$= \frac{(k+1)[(k+1)+1][2(k+1)+1]}{6}$$

所以，$P(k+1)$ 成立。

因此，對於所有的正整數 n，$P(n)$ 都成立。

　　數學歸納法既簡單又能順暢地運作。它是一個重要的證明技巧，用來證明形式與前面例子相似的敘述。然而，它僅能證明由其他方法觀察出來的結果，而不是一個發現公式的工具。

河內塔

河內塔 (Tower of Hanoi) 是法國數學家愛德華·盧卡斯 (E. Lucas, 1842–1891) 於西元 1883 年發明的一個遊戲。它是由三個杆子與幾個不同大小的圓盤構成。

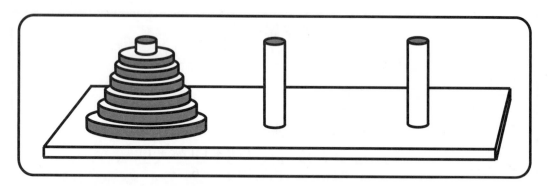

這個遊戲是將所有圓盤從原來的杆子移動到另一根杆子上：

規則 #1 一次只可移動一個圓盤。

規則 #2 一個圓盤可以移動到任意一個杆子。

規則 #3 大圓盤不可放在小圓盤的上面。

規則 #4 最後排完後在新杆子上的圓盤大小順序，要與在原來杆子的順序一樣。

3 片圓盤的河內塔──移動 7 次完成

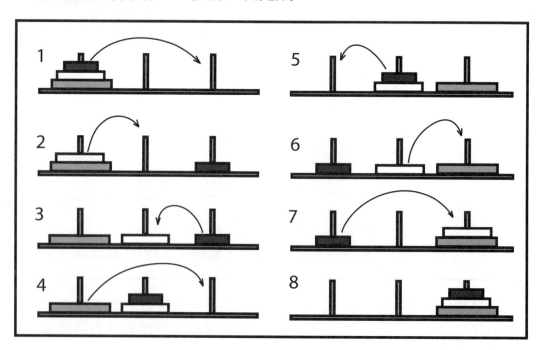

4 片圓盤的河內塔 ── 移動 15 次完成

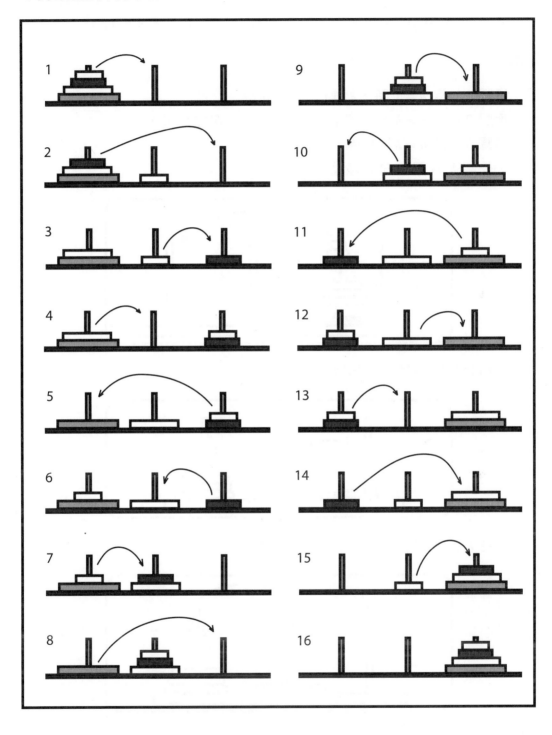

n 片圓盤的河內塔

透過數學歸納法，證明這個遊戲要移動 $2^n - 1$ 次才能完成。

證明：

步驟 1　當 $n = 1$ 時，移動 1 次即完成。

步驟 2　當 $n = k$ 時，假設要移動 $2^k - 1$ 次才完成。

步驟 3　當 $n = k + 1$ 時，

⑴先將 k 片圓盤向前移動：要移動 $2^k - 1$ 次

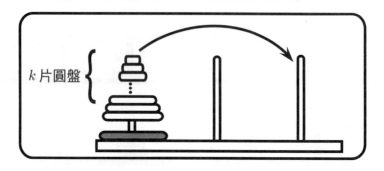

⑵移動最後一片：要移動 1 次

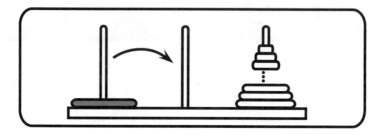

⑶將 k 片圓盤移回來：要移動 $2^k - 1$ 次

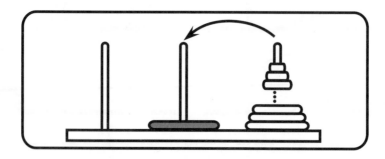

總移動次數：$(2^k - 1) + 1 + (2^k - 1) = 2^{k+1} - 1$

因此（由數學歸納法知）「這遊戲要移動 $2^n - 1$ 次才能完成」敘述成立。

三格骨牌拼圖

三格骨牌拼圖 (The Tromino Puzzle) 提供一個數學歸納法的幾何例子。

> **三格骨牌定理 (Golomb's Tromino Theorem)**[❶]
> 　若在 $2^n \times 2^n$ 的棋盤抽走其中一個小正方形，則剩下的圖形可被一定數量的 L 形三格骨牌互不重疊地覆蓋。

舉例

在 $2^2 \times 2^2 (n=2)$ 的棋盤任意抽走其中一個小正方形，剩下的 15 個小正方形都必定可被一定數量的 L 形三格骨牌互不重疊地覆蓋，被抽走的一個小正方形可以是 16 個小正方形中的任何一個。

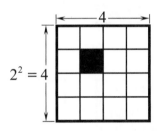

覆蓋在棋盤上的 L 形三格骨牌有四種方向。

[❶]譯注：三格骨牌定理是西元 1954 年由一名 22 歲的哈佛學生所羅門·哥倫布 (Solomon Golom) 所提出。

　　下列圖形顯示 16 種被抽走小正方形的位置 ， 與剩下被 L 形三格骨牌覆蓋的所有情形：

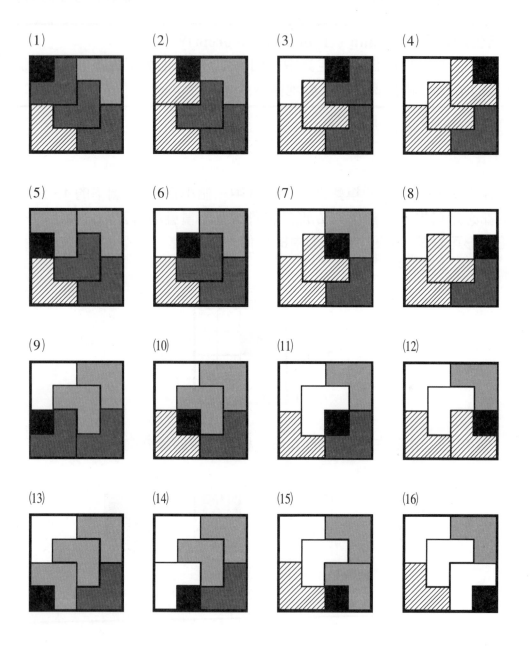

因此「剩下的圖形可被一定數量的 L 形三格骨牌互不重疊地覆蓋」成立。

三格骨牌定理的證明

步驟 1

當 $n = 1$ 時，棋盤的大小為 2×2。

抽走其中一個小正方形

以下是覆蓋板子上移走一個小正方形後的 4 種情形：

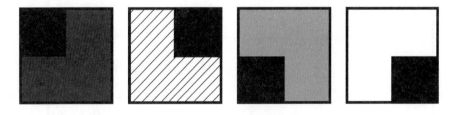

因此剩下的三個正方形皆可被一個 L 形三格骨牌所覆蓋成立。

步驟 2

當 $n = k$ 時，假設 $2^k \times 2^k$ 的棋盤抽走其中一個小正方形，剩下的圖形可被 L 形三格骨牌完全覆蓋。

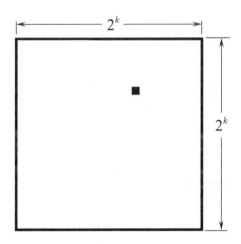

步驟 3

當 $n = k + 1$ 時，棋盤的面積被放大。

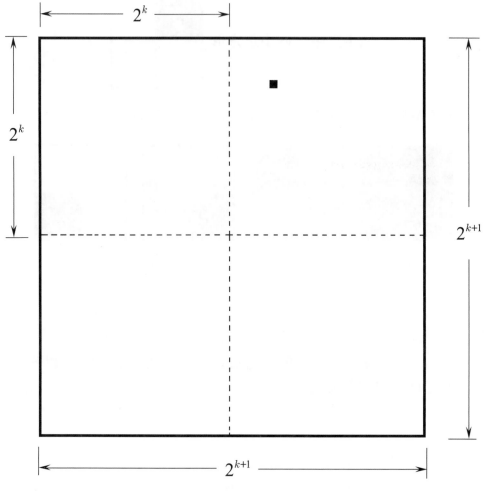

$2^{k+1} \times 2^{k+1}$ 的棋盤是 $2^k \times 2^k$ 的棋盤的四倍大

$2^{k+1} \times 2^{k+1}$ 棋盤是由四個 $2^k \times 2^k$ 象限組成的。第一象限是抽走一個小正方形的 $2^k \times 2^k$ 棋盤,則根據假設它可被 L 形三格骨牌完全覆蓋。

接著,在其他三個象限的每個角落處,各取走一個小正方形,如下圖所示:

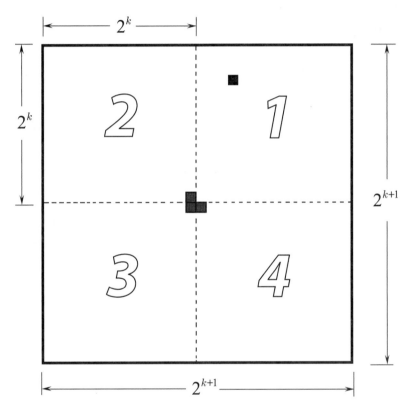

這三個小正方形就組成一個 L 形三格骨牌

那麼第二、三、四象限都各有一個小正方形不見了,它們可以完整地被 L 形三格骨牌所覆蓋。因此,整個棋盤可以被 L 形三格骨牌完全覆蓋。

參考文獻

❶ Bajnok, Bela; *An Invitation to Abstract Mathematics*, Springer, NY. 2013.

❷ Bunch, Bryan; *Mathematical Fallacies and Paradoxes*, Dover Publications, Inc., NY. 1997.

❸ Fletcher, Peter; Hoyle, Hughes; and Patty, C. Wayne; *Foundations of Discrete Mathematics*. PWS-Kent Publishing Company, Boston. 1991.

❹ Hardy, Darel W. and Walker, Carol L.; *Applied Algebra: Codes, Ciphers, and Discrete Algorithms*. Prentice Hall, NJ. 2003.

❺ Maddox, Randall B.; *A Transition to Abstract Mathematics: Learning Mathematical Thinking and Writing*, 2nd Edition. Elsevier Academic Press, UK. 2009.

❻ Rosen, Kenneth H.; *Discrete Mathematics and Its Applications*, 4th Edition. WCB/McGraw-Hill, 1999.

❼ Rotman, Joseph J.; *A First Course in Abstract Algebra with Applications*, 3rd Edition. Pearson Prentice Hall, NJ, 2006.

❽ Simonson, Shai and Brian Hopkins; "A Rabbi, Three Sums, and Three Problems," *Resources for Teaching Discrete Mathematics*, MAA Notes #74, Mathematical Association of America, Washington, D.C., 2009.

6

代數的結構

歐洲代數的開端

在 12 世紀，阿爾·花拉子米著作中的印度－阿拉伯數字以及代數觀念，已傳至歐洲。

阿爾·花拉子米的代數方法就是還原 (al-jabr)❶即「平衡」(balancing)。

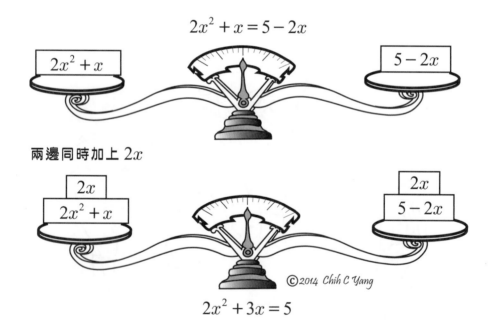

他相信一個複雜的數學問題可以經由分解成幾個小步驟進而解決此問題。

---

❶譯注：al-jabr 在該書中的意思是「還原」或「移項」，當此書被翻成拉丁文後，就演變成 algebra。

歐洲代數的興起

　　義大利在 16 世紀中期時，數學解題競賽不僅是種消遣也是展示天賦的方法，大量的賭金也因此產生，對於一個好的選手而言，這些競賽是他們的一種收入來源。

　　其中一個最有名的選手名叫卡丹諾，他是個數學家、物理學家、占星家、賭徒、更是個惡棍。

卡丹諾

©2014 Chih C Yang

　　卡丹諾寫了一本《論博弈機會》(*The Book on Games of Chance*) 的書籍，算是機率較早期的論述，內容包含了一些賭博取巧的技術。

虛數 $\sqrt{-1}$ 的第一次出現

數學問題

將10分成兩數，且這兩數的乘積一定要是30或40

卡丹諾找到答案

$$(5 + \sqrt{-5})(5 - \sqrt{-5}) = 30 \ 或 \ (5 + \sqrt{-15})(5 - \sqrt{-15}) = 40$$

但他認為 $\sqrt{-5}$ 和 $\sqrt{-15}$ 是不合理的[2]。

　　到了 16 世紀末，代數已漸露頭角，並在數學領域裡成為一個重要的分支。尤其是找到了一些方法解決所有的 4 次及 3 次的不同方程式問題。而再來所面臨的挑戰就是要找出 5 次方或是更高次方的方程式解。

---

[2] 譯注：卡丹諾在計算時也指出：我們若「能放下心中的折磨」，直接運用計算法則，便能得到 $25 - (-15) = 40$，符合原來題意。但他也無法具體說出此答案的意義，只好利用「算術就是這麼精巧又不中用」的說法來交待了。

往後兩百年間，沒人能成功找到 5 次方以上的公式解。

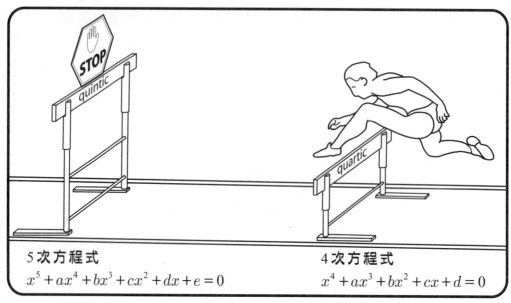

5 次方程式
$$x^5 + ax^4 + bx^3 + cx^2 + dx + e = 0$$

4 次方程式
$$x^4 + ax^3 + bx^2 + cx + d = 0$$

©2017 Chih C Yang

現代代數的誕生

在 19 世紀，尼爾斯 · 阿貝爾和埃瓦里斯特 · 伽羅瓦 (Evariste Galois, 1811–1832) 研究代數的結構後得到一個總結，那就是在 5 次方以上的方程式沒有公式解。

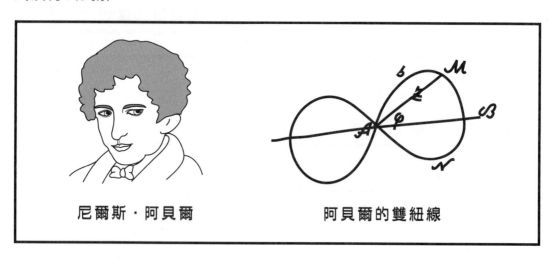

尼爾斯 · 阿貝爾   阿貝爾的雙紐線

此結論標記了現代代數開始萌芽。

代數的結構剖析

在現代代數紀元中，代數已不再被視為是解決方程式的一門科學，新的方向是探討代數學本身的代數結構。

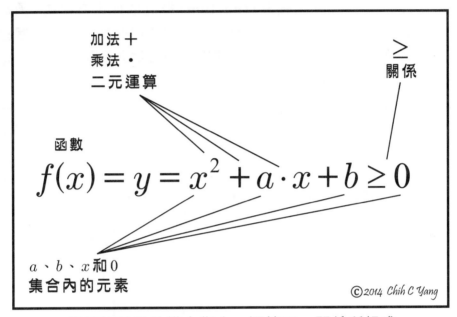

代數的基礎結構由集合、運算元、關係所組成

▶ **集合**是一群物件的組合，而這些物件並不一定侷限於數。
▶ **二元運算**是定義於集合中的一種過程，這個過程將集合中兩個元素結合生成第三個元素。
▶ **關係**是將運算或函數對應的結果與某個物件作關連。

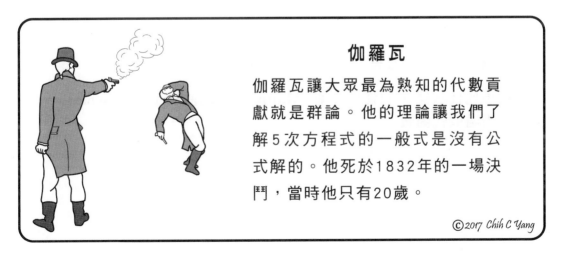

伽羅瓦

伽羅瓦讓大眾最為熟知的代數貢獻就是群論。他的理論讓我們了解 5 次方程式的一般式是沒有公式解的。他死於 1832 年的一場決鬥，當時他只有 20 歲。

©2017 Chih C Yang

函數

在 19 世紀前, 數學家對於式子的使用總是循著制式的方法, 例如 $y = x^2 - 4x + 3$,利用給定的 x 值去計算出 y 值。在現代數學裡,狄利克雷 (Dirichlet, 1805–1859) 利用**函數 (function)** 概念取代了方程式。函數的運作就像一臺有「輸入−輸出」的設備一樣,它的規則就是輸入一個已知的數然後產生一個新的數。它不一定是代數式而且輸入及輸出值也沒有限制在數字上。

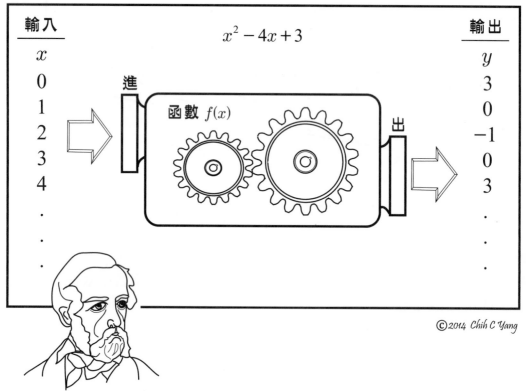

約翰·彼得·古斯塔夫·勒熱納·狄利克雷

在現代代數裡, 也使用**映射 (Mapping)** 或**變換 (Transformation)** 這些專門術語取代**函數**。

函數

　　函數 ϕ 是一種從定義域到值域的映射。定義域就是物件的集合且物件中的函數已被定義，函數只接受來自其定義域的輸入值。值域則是一個目標集合，所有輸出值皆受限必須落在這個集合中。

數學的土撥鼠節

　　土撥鼠節是美國及加拿大的一個節慶，日期是 2 月 2 號。根據民俗，這一天土撥鼠從地洞中跑出來時，若同時可以看見自己的影子，則意味著還會有 6 週以上的冬天。

函數

一個圖形 (figure) 經過轉換（函數 ϕ）就變成它的影像 (image)。
每一個元素只能有一個影像。

不是一個函數

函數定義域中的相同元素不會有兩個或兩個以上的影像。

當土撥鼠無法看見自己的影子，則預測春天會提早降臨。

不是一個函數

要成為一個函數，每個在定義域裡的元素都要有一個相對應的影像。

函數

獨行俠 ϕ 與一群惡棍

© 2017 Chih C. Yang

定義域
獨行俠的子彈

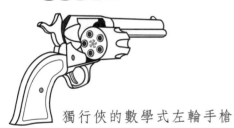
獨行俠的數學式左輪手槍

© 2017 Chih C. Yang

令 B 是獨行俠的子彈集合
$B = \{1, 2, 3, 4, 5\}$

值域
一群惡棍

令 G 是惡棍成員的集合
$G = \{G1, G2, G3, G4\}$

函數 $\phi : B \to G$ $G = \{\,\text{G1, G2, G3, G4}\,\}$

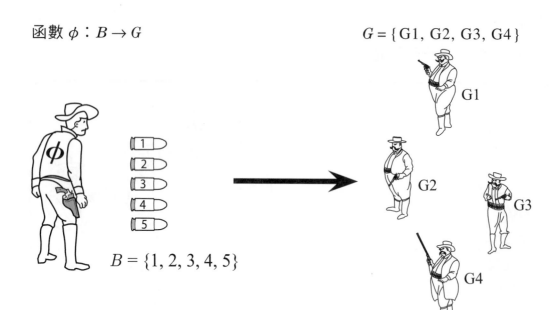

$B = \{1, 2, 3, 4, 5\}$

ϕ 是一個從定義域 B 映成至值域 G 的一個函數。

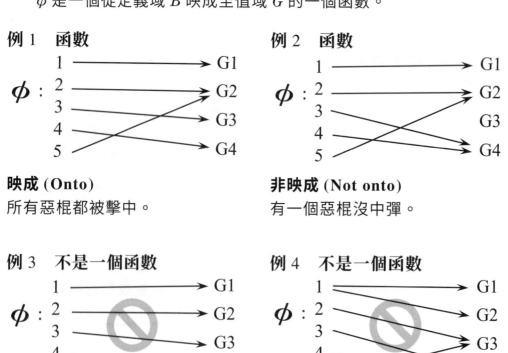

例 1　函數

映成 (Onto)
所有惡棍都被擊中。

例 2　函數

非映成 (Not onto)
有一個惡棍沒中彈。

例 3　不是一個函數

留有一顆子彈沒使用。

例 4　不是一個函數

一顆子彈擊中二名惡棍。

二元運算

　　像加法、減法、乘法這樣的運算,我們稱為二元運算。二元運算就是一個在集合上使用的一種過程或規則,它組合了集合中的兩個元素,經由此運算後得到唯一的第三個元素,且第三個元素一樣在此集合裡。

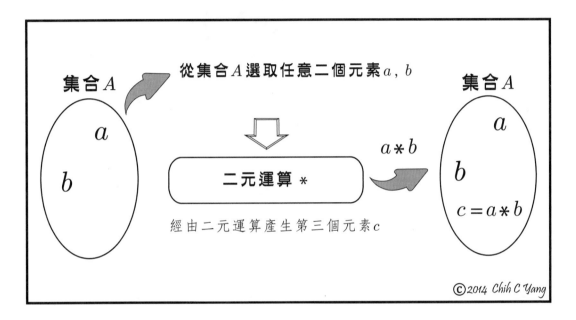

　　從集合 A 選取任意二個元素 a, b

集合 A　　　　　　　　　　　　　集合 A

a
b

二元運算 *

$a*b$

a
b
$c = a*b$

經由二元運算產生第三個元素 c

©2014 Chih C Yang

二元運算的兩個規定

在此運算下的集合 A 必須是**閉**集合
此運算必須是**定義明確的 (well-defined)**

▶ **封閉性**:經由此運算得到的第三個元素一樣在集合 A 裡面。
▶ **定義明確的**:所對應到的元素 c 必須是**獨一無二的**,且只有一個唯一值。

二元運算的封閉性

對於所有 $a \in A$ 且 $b \in A$, $a * b \in A$。

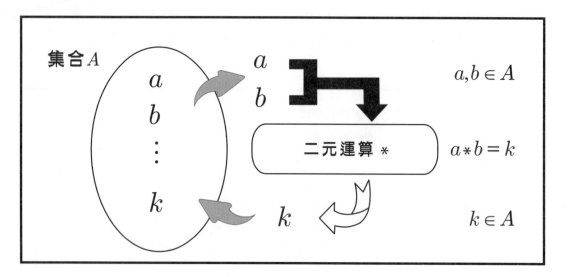

例 1

由奇整數組成的集合 B 在加法運算中沒有封閉性。

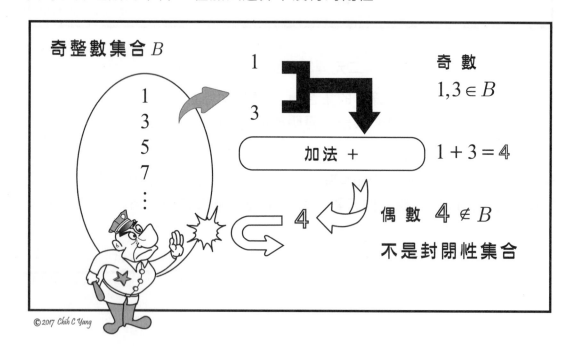

例 2

由奇整數組成的集合 B 在乘法運算中具有封閉性。

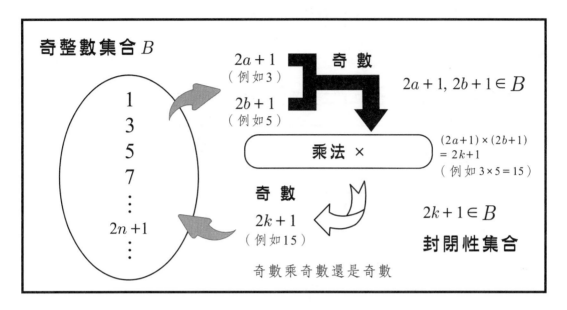

就像許多運動一樣，這些動作必須是受限於某特定範圍或場域。

定義明確的二元運算

定義於集合 A 中的二元運算就是從 A 集合元素中的有序對的集合對應到 A 集合中。它必須遵循一對一的映成。

例1 為什麼 $\dfrac{1}{2} + \dfrac{1}{3} \neq \dfrac{2}{5}$？

如果在有理數的集合中，二元運算的加法定義如下：

$$\frac{a}{b} \oplus \frac{c}{d} = \frac{a+c}{b+d} = \frac{\text{分子} + \text{分子}}{\text{分母} + \text{分母}}$$

我們得到 $\dfrac{1}{2} \oplus \dfrac{1}{3} = \dfrac{2}{5}$

但是因為 $\dfrac{1}{2} = \dfrac{2}{4}$ 且 $\dfrac{1}{2} \oplus \dfrac{1}{3} = \dfrac{2}{4} \oplus \dfrac{1}{3} = \dfrac{3}{7}$

所以 $\dfrac{2}{5} = \dfrac{3}{7}$

它不只有一個對應值，這樣的運算規則就是定義不明確的。

為什麼 $\dfrac{1}{2} + \dfrac{1}{3} \neq \dfrac{2}{5}$？

© 2015 Chih Yang

例 2

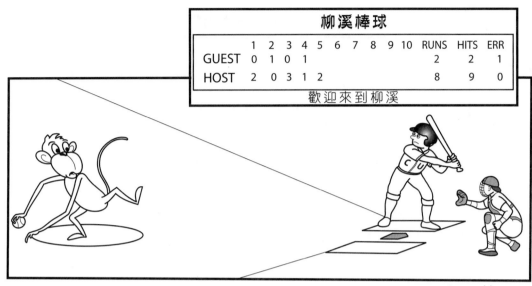

©2017 Chih C Yang

　　柳溪棒球隊在過去三季的隊史紀錄如下：13 場贏 7 場、12 場贏 6 場、14 場贏 8 場。

如果利用例題 1 的運算規則：

$$\frac{a}{b} \oplus \frac{c}{d} = \frac{a+c}{b+d} = \frac{\textbf{分子}+\textbf{分子}}{\textbf{分母}+\textbf{分母}}$$

將它們加起來：$\dfrac{7}{13} \oplus \dfrac{6}{12} \oplus \dfrac{8}{14} = \dfrac{21}{39}$

我們得到全部 39 場比賽裡共贏 21 場

為何是這樣運算呢？
（詳見附錄）

運算的優先順序

單科手術與合科手術❸

一元運算就是只有一個運算域 (operand)，諸如：反向 (negation) 運算、階乘或平方根。

舉例

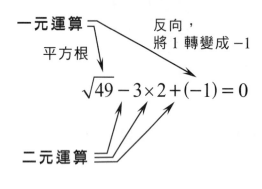

運算子	運算	優先順位
( )	括號	第1
! , $\sqrt{}$, 反向	一元	第2
× , ÷	二元	第3
+ , −	二元	第4
= , < , >	關係性	第5

一元運算比二元運算有絕對的優先權，在二元運算裡，乘除運算的優先權高於加減運算的優先權。

❸譯注：此處為作者的雙關語插畫，手術（operation，在數學上是指「運算」）。

關係

關係就是以不同方式將相同集合裡的元素做連結。

舉例來說：

▶ $1 < 2$

▶ $a = \sqrt{b}$

▶ 相似三角形 $ABC \sim DEF$

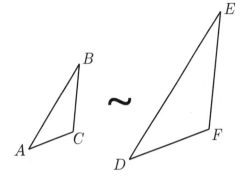

　　集合 A 上的**關係**就是以 A 的元素組成的有序對所形成的集合 R。

例1　集合 A 上的關係 R：將相似圖形做配對

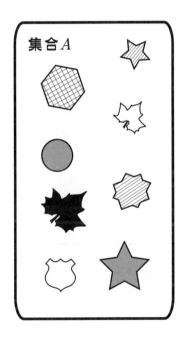

1. 從集合 A 中任取一個元素
2. 在相同的集合 A 中找到與它相似的圖形配對

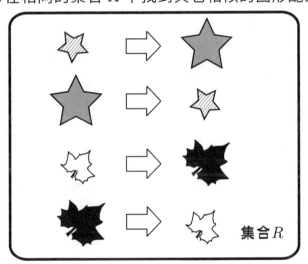

這種順序是單向的

關係集合 R，就是一個有序對的集合

例 2   集合 A 上的關係 R_2：將有相同陰影的圖形做配對

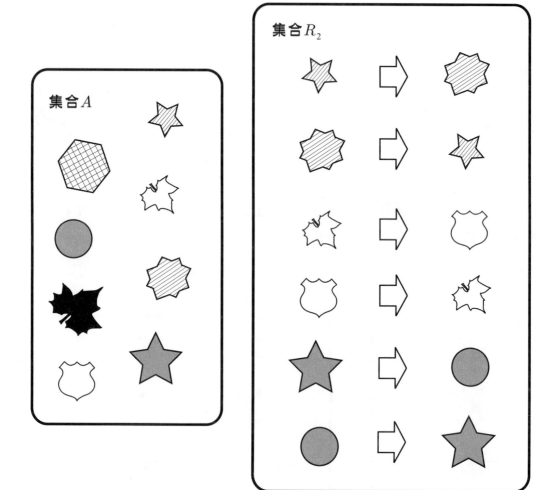

有序配對

集合 R_2

這種順序是單向的

關係集合 R_2

例 3　集合 A 上的關係 R_3：將元素 x 乘以兩倍，$2x = y$

集合 $A = \{1, 2, 3, 4, 5, 6\}$

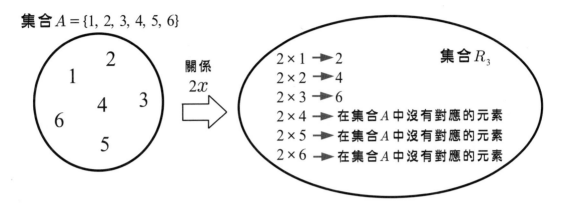

$$\text{關係集合 } R_3 = \{(1, 2), (2, 4), (3, 6)\}$$
$$\text{它可以被寫成 } 1R2 \text{，} 2R4 \text{ 和 } 3R6$$
$$xRy \Leftrightarrow 2x = y$$

集合 $A \times A = \{(1, 1), (1, 2), (1, 3), \cdots, (6, 4), (6, 5), (6, 6)\}$

集合 $A \times A$ 裡頭有 $6 \times 6 = 36$ 種可能的排列在裡面

R_3 是 $A \times A$ 的子集合，$R_3 \subseteq A \times A$

備註：集合 $A \times A$ 稱為 A 的笛卡兒積。 意思就是對於集合 A，笛卡兒積 $A \times A$ 就是所有有序對 (a, b) 組成的集合，其中 $a \in A$ 且 $b \in A$。

有向圖

對於描述關係，有向圖提供了一個很好的工具。舉例來說，$1R2$ 的關係說明如下：

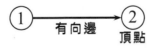

關係集合 $R_3 = \{(1, 2), (2, 4), (3, 6)\}$，可以說明如下：

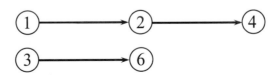

例 4　集合 B 上的關係集合 R_4：$x < y$

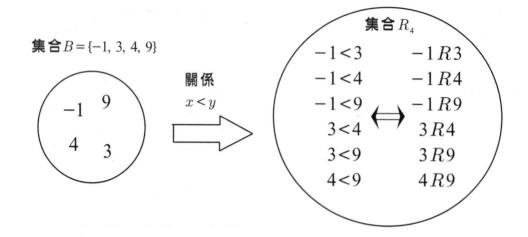

集合 $B = \{-1, 3, 4, 9\}$

關係
$x < y$

集合 R_4

$-1 < 3$	$-1 R 3$
$-1 < 4$	$-1 R 4$
$-1 < 9$	$-1 R 9$
$3 < 4$	$3 R 4$
$3 < 9$	$3 R 9$
$4 < 9$	$4 R 9$

關係集合 $R_4 = \{(-1, 3), (-1, 4), (-1, 9), (3, 4), (3, 9), (4, 9)\}$
可以寫成下列形式：$-1R3$，$-1R4$，$-1R9$，$3R4$，$3R9$ 和 $4R9$
$$xRy \Leftrightarrow x < y$$

關係集合 R_4 是非對稱的集合，因為 $3 < 4$，$(3, 4) \in R_4$，但 $4 \not< 3$，$(4, 3) \notin R_4$。
關係集合 R_4 不是反身的集合，因為 $3 \not< 3$，$(3, 3) \notin R_4$。

有向圖

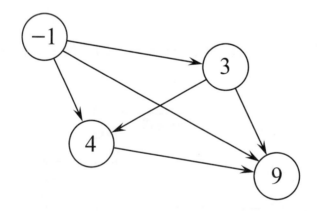

例 5　集合 C 上的關係 R_5：$|x| = |y|$

集合 $C = \{-2, -1, 2, 5\}$

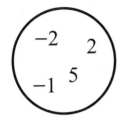

關係
$|x| = |y|$

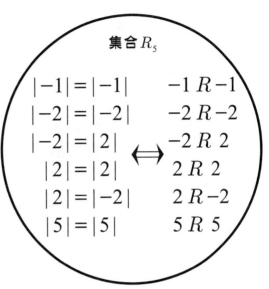

集合 R_5

$|-1| = |-1|$	$-1\ R\ -1$
$|-2| = |-2|$	$-2\ R\ -2$
$|-2| = |2|$	$-2\ R\ 2$
$|2| = |2|$	$2\ R\ 2$
$|2| = |-2|$	$2\ R\ -2$
$|5| = |5|$	$5\ R\ 5$

關係集合 $R_5 = \{(-1, -1), (-2, -2), (-2, 2), (2, 2), (2, -2), (5, 5)\}$
可以寫成下列形式：$-1R-1$，$-2R-2$，$-2R2$，$2R2$，$2R-2$ 和 $5R5$
$$xRy \Leftrightarrow |x| = |y|$$

有向圖

反身的

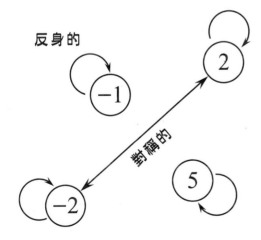

對稱的

關係 $(-1, -1)$, $(-2, -2)$, $(2, 2)$ 及 $(5, 5)$ 稱為**反身的 (Reflexive)**。
$$|x| = |x|$$
$$xRx$$

關係 $(-2, 2)$ 及 $(2, -2)$ 稱為**對稱的 (Symmetric)**。
　　如果 $|x| = |y|$，則 $|y| = |x|$
　　如果 xRy，那麼 yRx

關係的性質

如果關係 R 是在集合 A 上，則

1.對於所有 $x \in A$，如果可以證明 xRx，那麼 R 是有反身性的。

舉例：

相似形三角形的關係，符號為～

任意一個三角形相似於自身

$ABC \sim ABC$

反身性關係的有向圖

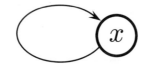

2.對所有的 $x, y \in A$ 的條件下，如果可以證明 xRy 則 yRx，那麼 R 就是具有對稱性的。

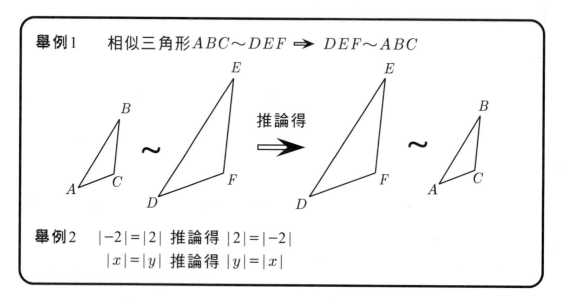

舉例1   相似三角形 $ABC \sim DEF$ $\Rightarrow$ $DEF \sim ABC$

推論得

舉例2 $|-2| = |2|$ 推論得 $|2| = |-2|$

$|x| = |y|$ 推論得 $|y| = |x|$

對稱關係的有向圖

3. 對於在集合 A 中的任意 x, y, z，可以證明如果 xRy 且 yRz，則 xRz，
那麼 R 有遞移性 (transitive)。

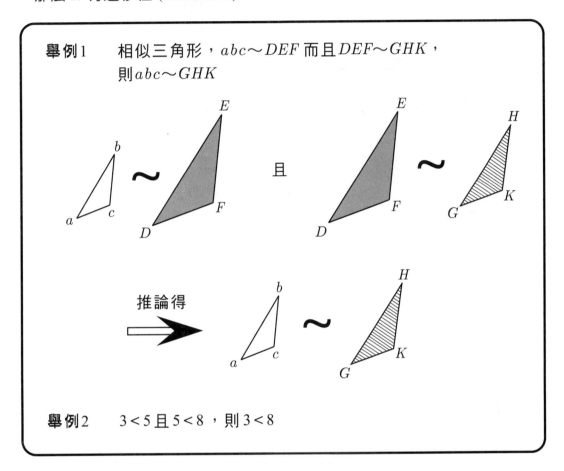

舉例1　　相似三角形，$abc \sim DEF$ 而且 $DEF \sim GHK$，
則 $abc \sim GHK$

推論得

舉例2　　$3 < 5$ 且 $5 < 8$，則 $3 < 8$

遞移性關係的有向圖

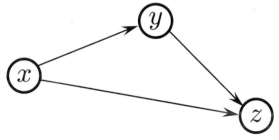

等價關係

一個關係如果具備反身性、對稱性及遞移性這三種特性，就稱為等價關係。

例 1

集合 A 中定義的是「相似的形狀」

集合 $A = \left\{ \right.$  $\left. \right\}$

相似形的關係就是一種等價關係

有向圖

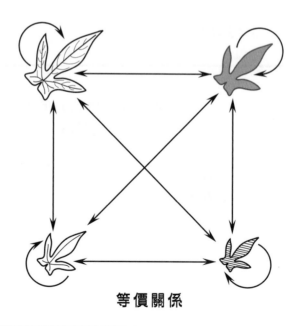

等價關係

例 2

一個關係 R 是定義在整數集合 $\mathbb{Z}$ 底下

$aRb \iff |a| = |b|$，對於任意 $a, b \in \mathbb{Z}$

反身性　$|a| = |a|$

　　　　　aRa

對稱性　$|a| = |b|$　則　$|b| = |a|$

　　　　　aRb　則　bRa

遞移性　$|a| = |b|$　且　$|b| = |c|$　則　$|a| = |c|, c \in \mathbb{Z}$

　　　　　aRb　且　bRc　則　aRc

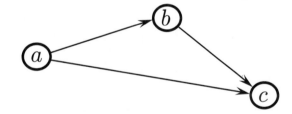

等價關係

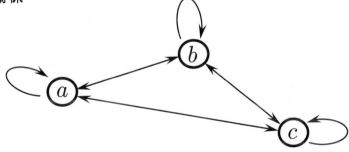

例 3   同餘算法（時鐘算法）

同餘算法的概念就像是沿著一個循環線操作，而不是沿著一條直線操作。

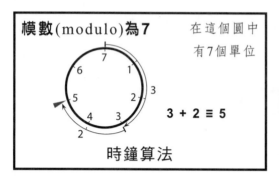

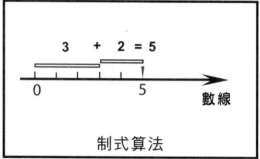

舉例   12 小時的鐘面（模數為 12）

2:00   13:00

凌晨 2：00 之後的 11 個小時

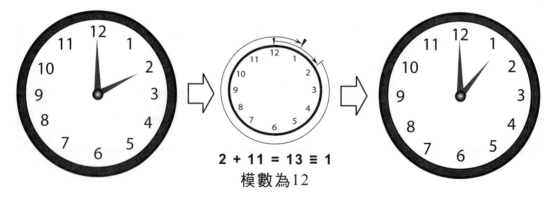

2 + 11 = 13 ≡ 1
模數為 12

若現在是凌晨 2 點鐘，那麼 11 個小時之後會是下午 1 點鐘，每次過 12 這個數字後我們又會從 1 開始數，以下這個例子：1 跟 13 在時鐘上是同一個位置，我們會說 1 和 13 互為**同餘 (congruent)**，記作 $1 \equiv 13$。

令集合 A 是每天 24 小時的集合。$A = \{1,\ 2,\ 3,\ \cdots,\ 22,\ 23,\ 24\}$

關係集合 R 是被定義在集合 A 裡面，對所有 $a,\ b \in A$
$$aRb \Leftrightarrow a \equiv b\,(\bmod\ 12)$$

同餘模數 (Congruence modulo)**為** 12

$1\ R\ 13$	$1 \equiv 13$
$2\ R\ 14$	$2 \equiv 14$
$3\ R\ 15$	$3 \equiv 15$
$4\ R\ 16$	$4 \equiv 16$
$5\ R\ 17$	$5 \equiv 17$
$6\ R\ 18$	$6 \equiv 18$
$7\ R\ 19$	$7 \equiv 19$
$8\ R\ 20$	$8 \equiv 20$
$9\ R\ 21$	$9 \equiv 21$
$10\,R\,22$	$10 \equiv 22$
$11\,R\,23$	$11 \equiv 23$
$12\,R\,24$	$12 \equiv 24$

此同餘關係就是一種等價關係

(1)**反身性**　　　$x \equiv x$
　　　　　　　　舉例：$2 \equiv 2$

(2)**對稱性**　　　若 $x \equiv y$ 則 $y \equiv x$
　　　　　　　　舉例：$3 \equiv 15$ 則 $15 \equiv 3$

(3)**遞移性**　　　若 $x \equiv y,\ y \equiv z$ 則 $x \equiv z$
　　　　　　　　舉例：$3 \equiv 15$ 且 $15 \equiv 3$ 則 $3 \equiv 3$

參考文獻

❶ Bloch, Norman J., *Abstract Algebra with Applications*, Prentice-Hall, NJ, 1987.

❷ Devlin, Keith J., *Sets, Functions and Logic: an Introduction to Abstract Mathematics*, 3rd Edition, Chapman & Hall/CRC, FI. 2004.

❸ Fletcher, Peter, Hoyle, Hughes and Patty, C. Wayne, *Foundations of Discrete Mathematics*, PWS-Kent Publishing Company, Boston, MA, 1991.

❹ Gilbert, Linda and Gilbert, Jimmie, *Elements of Modern Algebra*, 7th Edition. Brooks/Cole, Cengage Learning, Belmont, CA, 2009.

❺ Nicodemi, Olympia E., Sutherland, Melissa A., and Towsley, Gary W., *An Introduction to Abstract Algebra with Notes to the Future Teacher*. Pearson/Prentice Hall, NJ. 2007.

7

模算術

模算術的序幕

最大公因數

設 a 和 b 為兩個非零整數，a 與 b 的最大公因數就是能整除 a 與 b 的最大整數。

舉例

設 a 和 b 皆為整數，當 a 為 30，b 為 66 時

30 的正因數集合可表示為：$S_{30} = \{2,\ 3,\ 5,\ 6,\ 15,\ 30\}$

66 的正因數集合可表示為：$S_{66} = \{2,\ 3,\ 6,\ 11,\ 22,\ 33,\ 66\}$

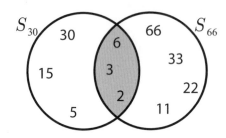

共同的因數集合為：
$S_{30} \cap S_{66} = \{2,\ 3,\ 6\}$

因此最大公因數為 6，或表示為
$\gcd(30,\ 66) = 6$

最大公因數的幾何觀點

一個寬 a 為 30、長 b 為 66 的長方形，可由 1980 片邊長 1×1 的方塊拼組而成，亦可由 495 片邊長 2×2 的方塊組成，亦可由 220 片邊長 3×3 的方塊組成，或者由 55 片邊長 6×6 的方塊組成。一般來說，一個邊長分別為 a、b 的矩形，如果 c 是 a 與 b 的公因數，那麼 $a \times b$ 矩形就可以被 $c \times c$ 大小的正方形所覆蓋鋪滿。

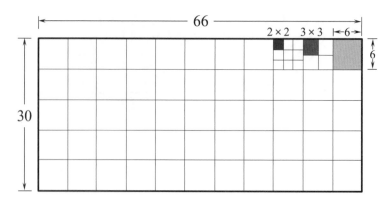

6×6 為最大的方塊，6 是 30 和 66 的最大公因數

輾轉相除法

輾轉相除法 (Euclidean Algorithm)[1]出現在歐幾里得所著的 《幾何原本》 中，已超過 2000 年。 此演算法已被證明在各種數學脈絡中都是有用的。

找出兩個整數的最大公因數

輾轉相除法是找到二個整數的最大公因數之最有效方法之一，根據下列原則：

> 設 a, b, q 和 r 為整數，$a \geq b$ 且 $a = b \cdot q + r$（餘數）
> 則 $\gcd(a, b) = \gcd(b, r)$

在除法 $a \div b$ 中，a 是被除數，較小的整數 b 是除數。運算產生商數 q 和餘數 r，如果餘數 r 取代被除數 a，那麼最大公因數不會改變。取代過程可以重複進行，直到較小的整數除以較大的整數後沒有餘數。最後一個非零餘數是原始二個數字的最大公因數。

一個疊代的過程

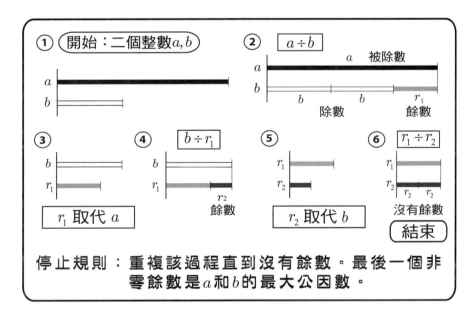

<hr />

[1]譯注：中國《九章算術》中的「輾轉相除法」，在西方則稱為「歐幾里得演算法」，在本文中將以「輾轉相除法」稱之。

舉例

　　將一根 60 寸長的木頭與 25 寸長的木頭切成一樣長度,且都不可以有任何剩下的長度,那麼最長的長度可以為多少呢?

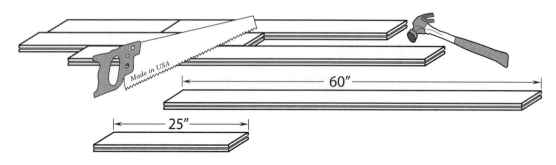

　　可以切成最長的長度就是 60 和 25 的最大公因數。

步驟 1　　設 $a = 60$ 和 $b = 25$

$$\boxed{a \div b}$$

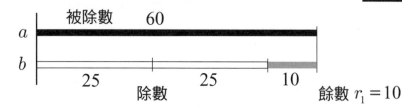

步驟 2

$$\boxed{a \text{ 由餘數 } 10 \text{ 代替}}$$

$$\boxed{b \div r_1}$$

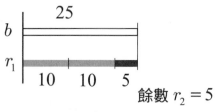

餘數 $r_2 = 5$

步驟 3

$$\boxed{b \text{ 由餘數 } 5 \text{ 代替}}$$

$$\boxed{r_1 \div r_2}$$

沒有餘數

（結束）

$\gcd(60, 25) = 5$

最長的長度是 5

舉例

用輾轉相除法找到 76 與 28 的最大公因數

幾何的觀點	演算法

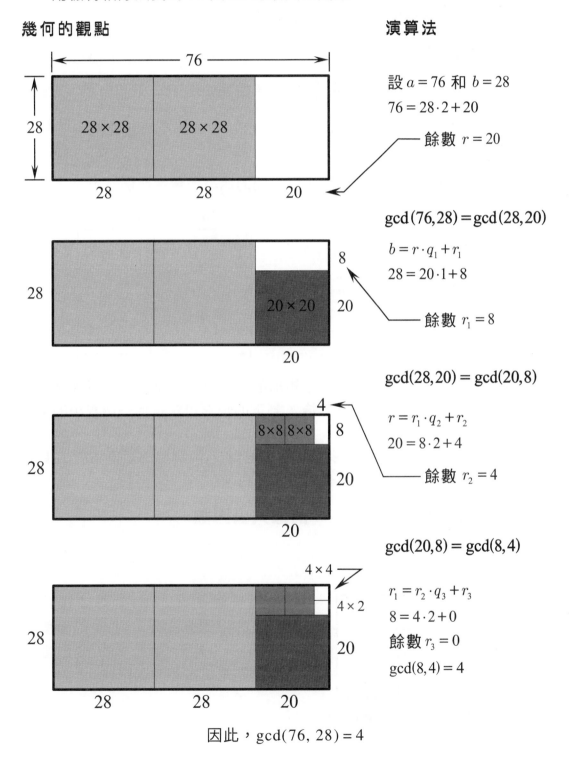

設 $a = 76$ 和 $b = 28$

$76 = 28 \cdot 2 + 20$

餘數 $r = 20$

$\gcd(76, 28) = \gcd(28, 20)$

$b = r \cdot q_1 + r_1$

$28 = 20 \cdot 1 + 8$

餘數 $r_1 = 8$

$\gcd(28, 20) = \gcd(20, 8)$

$r = r_1 \cdot q_2 + r_2$

$20 = 8 \cdot 2 + 4$

餘數 $r_2 = 4$

$\gcd(20, 8) = \gcd(8, 4)$

$r_1 = r_2 \cdot q_3 + r_3$

$8 = 4 \cdot 2 + 0$

餘數 $r_3 = 0$

$\gcd(8, 4) = 4$

因此，$\gcd(76, 28) = 4$

輾轉相除法和黃金比例

輾轉相除法的運算過程就是不斷地疊代，直到餘數為 0。如果餘數永遠不為 0，那將會發生什麼事？

無理數黃金比例 φ

有二數 a, b 且 $a > b$，如果 $\dfrac{a}{b}$ 的比值相等於 a, b 二數和與較大數的 a 比值，也就是 $\dfrac{a}{b} = \dfrac{(a+b)}{a}$，那麼我們就說 a, b 二數有**黃金比例**。

舉例：黃金矩形

所謂的黃金矩形就是長邊和短邊之間的比率是黃金比例 φ。

$$\text{黃金比例 } φ = \frac{a}{b} = \frac{a+b}{a}$$

黃金矩形有一個特性就是，在矩形的長邊上，建構一個以短邊長為邊長的正方形時，當移除此正方形後，剩下的矩形也會是另一個較小的黃金矩形。

如果正方形 $ABFE$ 從矩形 $ABCD$ 中移除，則剩餘的矩形 $EFCD$ 具有與原始矩形相同的形狀，並且也是黃金矩形。

用輾轉相除法找到 a 與 $a+b$ 的最大公因數

步驟 1

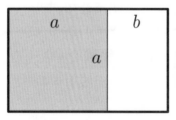

正方形 $a \times a$　剩餘面積

繪製一個 $a \times (a+b)$ 矩形並標記一個正方形的邊長為 a，且剩餘面積為一個 $a \times b$ 矩形。此 $a \times b$ 矩形將與原始矩形具有相同的形狀。

步驟 2

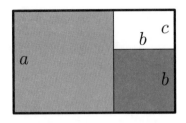

再從 $a \times b$ 矩形中取一個正方形，並將邊長標記為 b。然後剩餘的 $b \times c$ 矩形仍然保持與原本長方形相同的形狀。

步驟 3　　　　　　　　**步驟 4**　　　　　　　　**步驟 5**

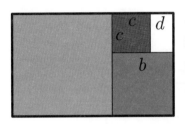　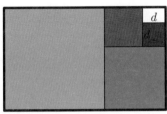　

在每一個步驟，剩餘面積即較小的黃金矩形，是永遠不會為 0。這過程永不會結束，因為黃金比例 φ 是無理數。

$$\varphi = \frac{a}{b} = \frac{1 + \sqrt{5}}{2} \cong 1.6180339887 \cdots$$

整數的同餘

在基礎數學中，數線通常被用於數字及運算的表徵。

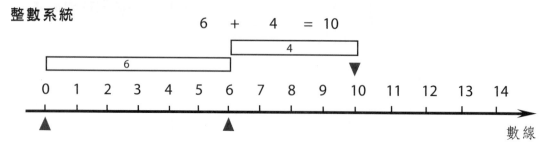

整數系統

如果將一條含整數的數線纏繞在一個特定大小的環狀物上，那麼將創造一個新的數字系統。

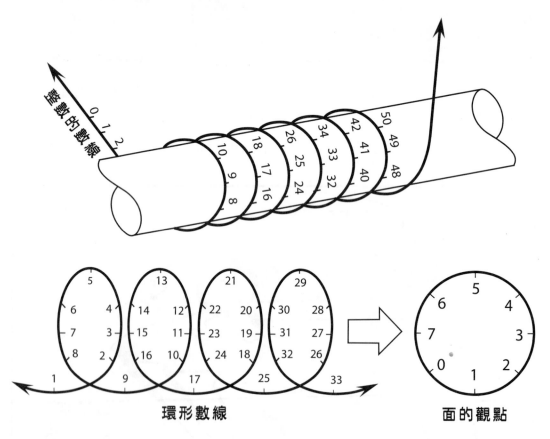

環形數線　　　　　　　面的觀點

在這例子中，一個環狀物被分配了 8 個位置，在相同位置的數字被稱為**同餘**，以符號 "≡" 表之。以 8 為一個週期的這個數，稱為**模數 (modulus)**。

$0 \equiv 8 \equiv 16 \equiv 24 \equiv \cdots$
$1 \equiv 9 \equiv 17 \equiv 25 \equiv \cdots$
$2 \equiv 10 \equiv 18 \equiv 26 \equiv \cdots$
$3 \equiv 11 \equiv 19 \equiv 27 \equiv \cdots$
$4 \equiv 12 \equiv 20 \equiv 28 \equiv \cdots$
$5 \equiv 13 \equiv 21 \equiv 29 \equiv \cdots$
$6 \equiv 14 \equiv 22 \equiv 30 \equiv \cdots$
$7 \equiv 15 \equiv 23 \equiv 31 \equiv \cdots$

在此環狀上有 8 個不同的位置，0 和數字 8, 16, 24 在相同的位置。因此，它們都和 0 同餘。同樣的，數字 9, 17, 25 和 1 同餘。

卡爾·弗里德里希·高斯
數學王子

如果兩個整數 a 和 b 的差可以被整數 n 整除，則 a 和 b 同餘於 n，整數 n 就稱為**模數**。

——高斯，《算術研究》，1801

高斯的敘述可以被改寫如下：

對於整數 a 和 b，設 n 為正整數

假設 $\dfrac{(a-b)}{n} = k$ 或 $a - b = nk$，其中 k 為一整數

那麼 a 同餘 b，$a \equiv b \,(\text{modulo } n)$

同餘 " $\equiv$ " 關係，是一個等價關係。它說明兩個物件在某些方面是相似的，但又不是像等號 " $=$ " 那樣地完全相同。

同餘和餘數

設任兩整數 a, b 及正整數 n。

如 a 和 b 被 n 除，有相同的餘數 r

$$a = nq_1 + r \text{ 和 } b = nq_2 + r$$

從 a 中減去 b，我們得到

$a - b = (nq_1 + r) - (nq_2 + r) = n(q_1 - q_2)$，$a - b$ 可以被 n 整除

因此 a 同餘於 b，表示為 $a \equiv b(\text{modulo } n)$

> 我們說如果兩個整數 a 和 b 在除以 n 時留下相同的餘數，則它們是與模數 n 同餘。

日常生活中的模算術

除了第 6 章的例子，日常生活中還有更多的例子，如一週 7 天、一年 12 個月、電腦二元系統、呼吸運動記錄器等。

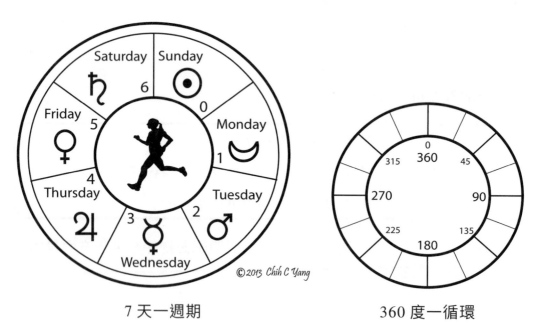

7 天一週期　　　　　360 度一循環

日常生活中的模算術（接續）

齒輪

黃道帶

萬花尺

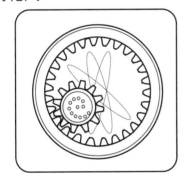

電腦，行動電話和電子設備

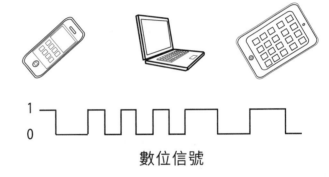

數位信號

響棒節奏

響棒是一種節奏模式，是用來作為非洲古巴音樂 (Afro-Cuban) 節奏組織的一種工具。它的結構是以交叉節奏比例表達，3–2 或 2–3。

©2015 Chih Yang

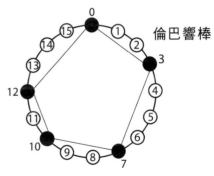

倫巴響棒

十六步循環

模數的操作

模數可以如同等號的方式被加或被乘。

舉例：模數 8 的加法

$$6 + 4 \equiv 10 \equiv 2(\text{modulo } 8)$$

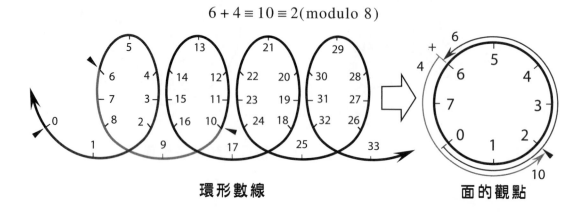

環形數線　　　　　　　　　　　　　面的觀點

加法和乘法的特性

> 如果 $a \equiv b(\text{modulo } n)$，且 k 是一個整數，則
> $a + k \equiv b + k(\text{modulo } n)$，且
> $ak \equiv bk(\text{modulo } n)$

舉例：

$$8 + 11 + 37 + 59 \equiv 1 + 4 + 2 + 3 \equiv 10 \equiv 3(\text{modulo } 7)$$
$$(5)(13)(39)(109) \equiv (5)(4)(3)(1) \equiv 60 \equiv 6(\text{modulo } 9)$$
$$41^{15} \equiv 2^{15} \equiv (2^4)^3 2^3 \equiv (16)^3 2^3 \equiv (3)^3 2^3 \equiv (27)8$$
$$\equiv (1)(8) \equiv 8(\text{modulo } 13)$$

應用

例 1　通用商品代碼 (Universal Product Code)，通常簡稱 UPC 碼

通用商品代碼由 12 位數字位元，a_1, a_2, $\cdots$, a_{12} 所組成。最後第 12 位元 a_{12} 則是錯誤控制碼，被指定作為前面 11 位元的校驗碼，同時也是與加權向量 (3, 1, 3, 1, 3, 1, 3, 1, 3, 1, 3) 計算後得到的。

最後一碼 a_{12} 計算方式如下[2]：
$$a_{12} = -(0, 3, 6, 0, 0, 0, 2, 9, 1, 4, 5) \cdot (3, 1, 3, 1, 3, 1, 3, 1, 3, 1, 3)$$
$$= -58 \equiv 2 (\text{modulo } 10)$$

0　3 6000 29145　2

a_1　　　　　　　　　　a_{12}

©2016 Chih C Yang

在 20 世紀 90 年代初，由美國農業部資助科技專家進行研究，透過在蜜蜂背上貼上條碼追蹤蜜蜂行為，導致了多重新的解碼技術的發展。(Hamblen, 2014)

---

[2]譯注：此處加權向量的運算方式是對應位置相乘後再相加，即
$$a_{12} = -(0, 3, 6, 0, 0, 0, 2, 9, 1, 4, 5) \cdot (3, 1, 3, 1, 3, 1, 3, 1, 3, 1, 3)$$
$$= -(0 \times 3 + 3 \times 1 + 6 \times 3 + 0 \times 1 + 0 \times 3 + 0 \times 1 + 2 \times 3 + 9 \times 1 + 1 \times 3 + 4 \times 1 + 5 \times 3) = -58$$

例 2　銀行識別號碼

　　每間銀行有屬於自己的識別號碼。為避免數據傳輸過程中的錯誤，銀行識別號碼就是一種檢驗碼的密碼。

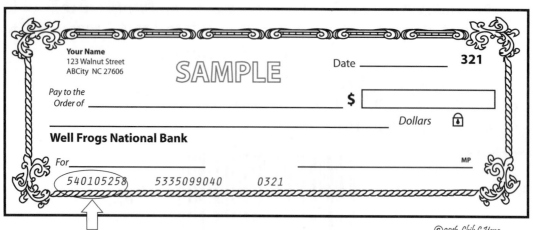

銀行識別號碼

　　銀行識別號碼由 8 位數字組成 $b_1 b_2 \cdots b_8$ 且檢驗碼為 b_9，b_9 是為了錯誤檢測。

b_9 是檢驗碼，它是可以被計算出來的，利用加權向量 $(7, 3, 9, 7, 3, 9, 7, 3)$

$$(b_1, b_2, \cdots, b_8) \cdot (7, 3, 9, 7, 3, 9, 7, 3) \equiv b_9 (\text{modulo } 10)$$

　　在抽樣檢查中，銀行識別碼 ID 為 54010525

$$
\begin{aligned}
b_9 &= (5, 4, 0, 1, 0, 5, 2, 5) \cdot (7, 3, 9, 7, 3, 9, 7, 3) \\
&= 35 + 12 + 0 + 7 + 0 + 45 + 14 + 15 \\
&= 128 \equiv 8 (\text{modulo } 10)
\end{aligned}
$$

所以完整的 ID 顯示為 540105258

　　如果 ID 被輸入錯誤為 540106258，檢驗碼被計算出來是 7 而不是 8，那麼就檢測到錯誤了。

例 3　在簿記中的應用

在會計中，有一個檢查算術錯誤的法則，敘述如下：

> 一正整數可以被 9 整除，若且唯若，此正整數的各位數字之和也可以被 9 整除。

©2013 Chih C Yang

舉例：

$$7154358245964 \div 9 = 794928693996$$

7154358245964 可以被 9 整除。

$$7+1+5+4+3+5+8+2+4+5+9+6+4 = 63$$

數字和為 63 可以被 9 整除。

說明：

任何整數 z 都可以表示為

$$z = a_0 + a_1 \cdot 10 + a_2 \cdot 10^2 + \cdots + a_n \cdot 10^n$$

因 $10 \equiv 1 (\text{modulo } 9)$

$$z \equiv a_0 + a_1 \cdot 1 + a_2 \cdot 1^2 + \cdots + a_n \cdot 1^n (\text{modulo } 9)$$

則

$$z \equiv a_0 + a_1 + a_2 + \cdots + a_n (\text{modulo } 9)$$

假設 z 被 9 除，然後 $z \equiv 0 (\text{modulo } 9)$

且

$$z \equiv a_0 + a_1 + a_2 + \cdots + a_n \equiv 0 (\text{modulo } 9)$$

因此，其數字的總和可以被 9 整除。

去 9 法

針對上述聲明中的一個應用,就是「強制去 9」的方法

去除 9 的方法
(1)刪除所有 9 或任何總和為 9 的
   數字組
(2)將所有剩餘數字加起來找到 9
   的同餘數

©2015 Chih Yang

舉例:透過去 9 法來檢驗算術錯誤

式子 $(7654321 + 35791) \times 12345 = 94934432640$ 是正確的嗎?

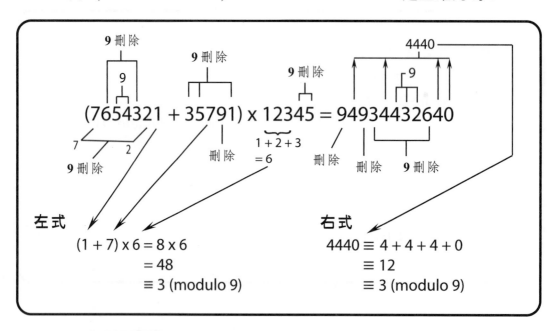

二邊都有相同的餘數。因此,它通過去 9 法的測試,並沒有偵測到錯誤。如果二邊的值不同,那就表示計算不正確。

這種方法在檢測錯誤時並不可靠。有一種**位置變換**過程發生時,是不會被檢測到錯誤的。

例 4　檢測位置變換錯誤

在一個公平的市集活動，收到的現金和帳面記錄之間存在差異

$$\$12,124.79 - \$11,764.79 = \$360.00$$

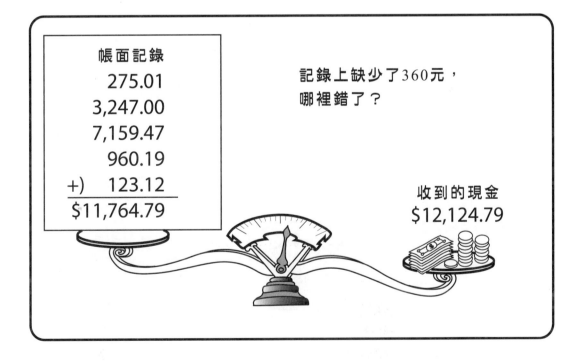

帳面記錄	
	275.01
	3,247.00
	7,159.47
	960.19
+)	123.12
	$11,764.79

記錄上缺少了360元，
哪裡錯了？

收到的現金
$12,124.79

兩個提示可以幫助找到錯誤：

⑴如果差異可以被 9 整除，可能是位置變換的錯誤。

⑵由於 360 元的差異是 3 位數且第 1 位數字是 0，所以位置變換可能發生在第 2 位數和第 3 位數。

將每個項目的第 2 位數和第 3 位數對換後並檢查，如下表示：

$$\begin{aligned}
\downarrow\downarrow \qquad\quad \downarrow\downarrow \qquad\qquad\qquad\qquad\\
275.01 - \quad 725.01 = -450\\
3,247.00 - 3,427.00 = -180\\
7,159.47 - 7,519.47 = \mathbf{-360} \leftarrow \textbf{差異}\\
960.19 - \quad 690.19 = 270\\
123.12 - \quad 213.12 = -90
\end{aligned}$$

數字 7,159.47 一定是錯的，正確的金額應為 7,519.47。

更改數字並重新加一次：

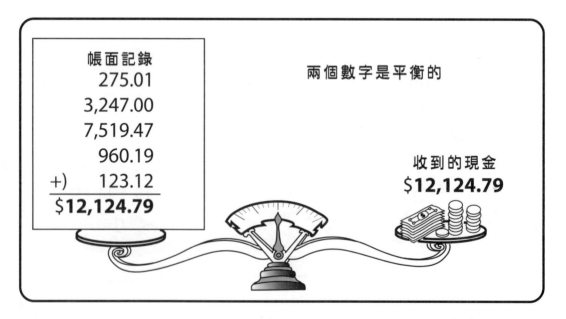

帳面記錄
275.01
3,247.00
7,519.47
960.19
+) 123.12
$12,124.79

兩個數字是平衡的

收到的現金
$12,124.79

參考文獻

❶ Bloch, Norman J., *Abstract Algebra with Applications*, Prentice-Hall, NJ, 1987.

❷ Gallian, Joseph A., *Contemporary Abstract Algebra*, 8th Edition, Brooks/Cole, Cengage Learning, Belmont, CA, 2013.

❸ Gilbert, Linda and Gilbert, Jimmie, *Elements of Modern Algebra*, 7th Edition. Brooks/Cole, Cengage Learning, Belmont, CA, 2009.

❹ Hamblen, Matt, "The UPC Bar code arrived 40 years ago; now, they're ubiquitous," *Computerworld*, Framingham, Mass, June 23, 2014.

❺ Nicodemi, Olympia E., Sutherland, Melissa A., and Towsley, Gary W., *An Introduction to Abstract Algebra with Notes to the Future Teacher*. Pearson/Prentice Hall, NJ. 2007.

❻ Rotman, Joseph J., *A First Course in Abstract Algebra with Applications*, 3rd Edition, Pearson Education, NJ, 2006.

❼ Stewart, Ian, *Concepts of Modern Mathematics*, Dover Publications. 1995.

❽ Toussaint, Godfried, "The Euclidean Algorithm Generates Traditional Musical Rhythms," *Proceedings of BRIDGES: Mathematical Connections in Art, Music, and Science*. Banff, Alberta, Canada, July 31-August 3, 2005.

8

中國的計數

計數

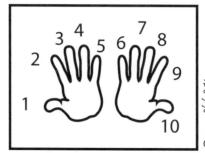

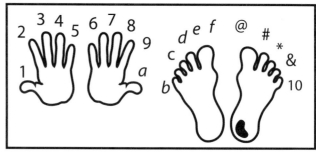

柏油腳跟！❶

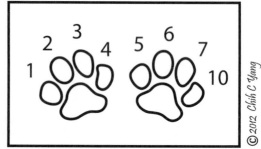

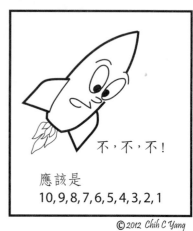

---

❶譯注：柏油腳跟為美國北卡羅萊納州人暱稱。

中國餘數計數法

　　在中國古代數學典籍《孫子算經》（西元 400 年）中有這麼一則故事，是在講解中國將軍韓信（西元前 196 年）如何地計算他的軍隊人數。

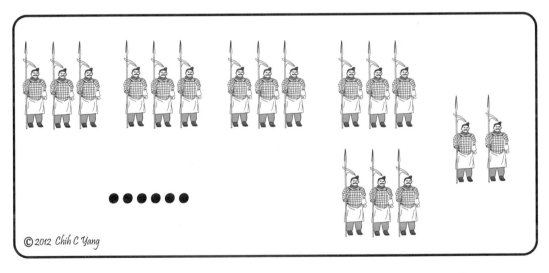

他指示軍隊在大廣場中以 3 人為一組進行分組，並計算剩餘人數。

中國餘數計數法（接續）

接著他又指揮士兵們以每 5 人為一組重新分組，再次計算餘數。

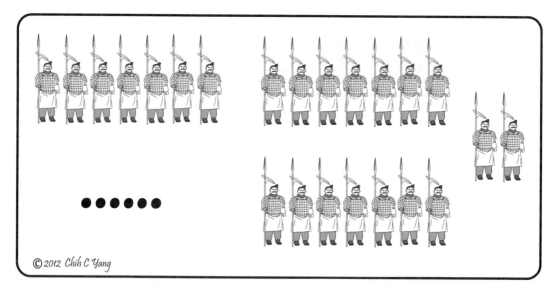

他以每 7 人為一組重覆上述的過程，然後就可以精確地斷定軍隊人數了。

為什麼他使用這種方法計數呢？

士兵人數部署的方式是：

每3人一組，餘數為2
每5人一組，餘數為3
每7人一組，餘數為2

© 2012 Chih C Yang

因為士兵人數與戰鬥能力是直接相關的，必須加以保密。

他是如何解密？

步驟 1 士兵分別以每 3 人，5 人，7 人為一個單位來分組，並將每組剩餘的人數排列如下：

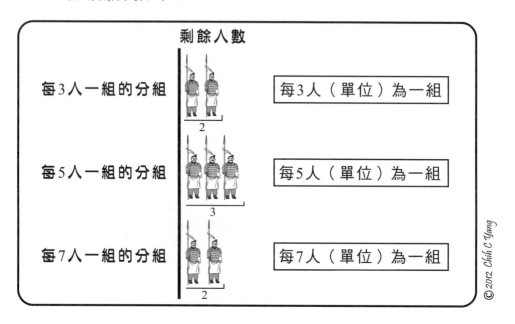

步驟 2 將各組排成一列：

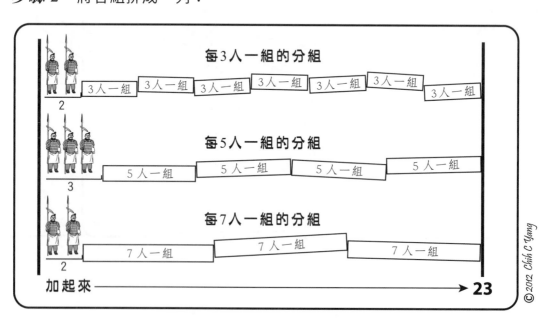

數目為 23！

數學式的描述

這個問題可以用模數的形式描述

令 x 為士兵數量，然後

$$\begin{cases} x \text{ 除以 3 餘數為 2} \\ x \text{ 除以 5 餘數為 3} \\ x \text{ 除以 7 餘數為 2} \end{cases}$$

寫成一個
聯立同餘式 ⇩

$$\begin{cases} x \equiv 2 \,(\text{mod } 3) \\ x \equiv 3 \,(\text{mod } 5) \\ x \equiv 2 \,(\text{mod } 7) \end{cases}$$

有兩種方法可以找到解

⑴列舉法

$[a](\text{mod } n)$ 即表示每一個餘數 a 在模數 n 下都有自己的同餘類：

$$x \equiv 2 \in [2](\text{mod } 3) = \{ \cdots, 2, 5, 8, 11, 14, 17, 20, ㉓, \cdots \}$$
$$x \equiv 3 \in [3](\text{mod } 5) = \{ \cdots, 3, 8, 13, 18, ㉓, \cdots \}$$
$$x \equiv 2 \in [2](\text{mod } 7) = \{ \cdots, 2, 9, 16, ㉓, \cdots \}$$

即 $\{x$ 除以 3 餘 2$\}$，$\{x$ 除以 5 餘 3$\}$，$\{x$ 除以 7 餘 2$\}$ 的交集數列為

$$\{ 23, 128, 233, \cdots \}$$

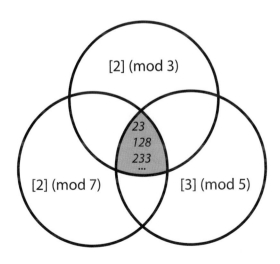

23 是最小共同的數
因此 $x = 23$

⑵通解

中國餘式定理

> 對一個有 n 個同餘式的同餘組，令 m_1, m_2, $\cdots$, m_n 兩兩互質
> $$x \equiv R_1 (\mathrm{mod}\ m_1)$$
> $$x \equiv R_2 (\mathrm{mod}\ m_2)$$
> $$\vdots$$
> $$x \equiv R_n (\mathrm{mod}\ m_n)$$
> 定義 $M = m_1 m_2 \cdots m_n$, $b_i = \dfrac{M}{m_i}$, b_i^{-1} 是在模 m_i 之下 b_i 的乘法反元素
> 在模數 M 之下這個同餘組有一個解
> $$x = \sum_{i=1}^{n} R_i b_i b_i^{-1} (\mathrm{mod}\ M)$$

(A) m_1, m_2, $\cdots$, m_n 兩兩互質。當 $i \neq j$ 時，任意兩個數字 m_i 和 m_j 互質。

(B) b_i^{-1} 是在模數 m_i 之下 b_i 的乘法反元素。換句話說，$b_i (b_i^{-1}) \equiv 1 (\mathrm{mod}\ m_i)$

當 $R_1 = 2$, $R_2 = 3$, $R_3 = 2$, $m_1 = 3$, $m_2 = 5$, $m_3 = 7$

(ⅰ)對於 $b_1 = \dfrac{M}{m_i}$, $b_1 = \dfrac{(m_1 m_2 m_3)}{m_1} = m_2 m_3 = 5 \cdot 7 = 35$

因為 $b_1 (b_1^{-1}) \equiv 1 (\mathrm{mod}\ m_1)$, $35 (b_1^{-1}) \equiv 1 (\mathrm{mod}\ 3)$

則 $b_1^{-1} = 2$

(ⅱ)同樣地，我們發現 $b_2 = 21$, $b_2^{-1} = 1$, $b_3 = 15$, $b_3^{-1} = 1$

(ⅲ)將以上數字代入下列方程

$$x = R_1 b_1 b_1^{-1} + R_2 b_2 b_2^{-1} + R_3 b_3 b_3^{-1} (\mathrm{mod}\ M)$$
$$x = (2)(35)(2) + (3)(21)(1) + (2)(15)(1)$$
$$= 233 \equiv 23 (\mathrm{mod}\ 105)$$

得 $\boxed{x = 23}$

注意：同餘類 $[a](\mathrm{mod}\ n)$ 就是一些數的集合，而當這些數除以模數 n 時，都有相同的餘數 a。

以 $[2](\mathrm{mod}\ 3)$ 這個同餘類的例子說明，就是在集合中的所有元素除以 3 餘數皆為 2。

卡羅萊納州的海盜

　　一幫 17 人的海盜團想要均分他們的贓物——金幣。當他們將金幣均分成堆後，發現還剩餘 5 枚。在誰該得到這額外 5 枚金幣的爭吵中，有 2 名海盜被殺了。 剩下的 15 名海盜再次嘗試均分這些贓物時 ，則剩餘 3 枚金幣。再次在爭奪額外的金幣時又有另一名海盜被殺害。最後這 14 名海盜終於均分了贓物。

這些海盜所分配的金幣數量最少是多少呢？

（解答請見附錄）

應用

例 1   電腦的精密運算

中國餘式定理 (CRT) 可被用於平行運算中。它加速了**數百位數**的巨大整數計算。

每臺電腦在處理整數的運算上都有其限制 ， 這樣的限制稱作字組大小 (word size)。一旦超過字組大小的整數運算會非常耗時，然而在這樣的情境下，中國餘式定理提供了比較快速的運算方法。

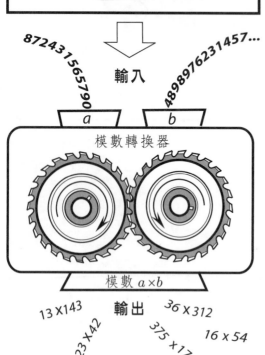

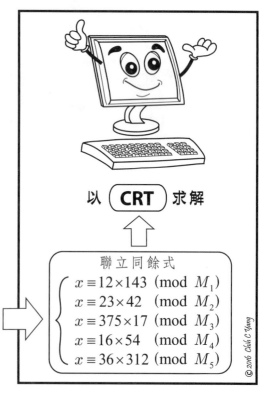

以 CRT 求解

聯立同餘式
$$\begin{cases} x \equiv 12 \times 143 \ (\text{mod } M_1) \\ x \equiv 23 \times 42 \quad (\text{mod } M_2) \\ x \equiv 375 \times 17 \ (\text{mod } M_3) \\ x \equiv 16 \times 54 \quad (\text{mod } M_4) \\ x \equiv 36 \times 312 \ (\text{mod } M_5) \end{cases}$$

© 2016 Chih C Yang

兩個巨大的數字經由方程組轉換成較小的幾組同餘數。

舉例：利用中國餘式定理找出 $x = 4567 \times 8976 = ?$

步驟 1　將 4567 和 8976 換成同餘的數。

　　在這個例子中，為了確保餘數為一位或二位數，使用 89, 95, 97, 98 和 99 當模數。

$$4567 \equiv 28(\bmod 89) \qquad 8976 \equiv 76(\bmod 89)$$
$$4567 \equiv \ 7(\bmod 95) \qquad 8976 \equiv 46(\bmod 95)$$
$$4567 \equiv \ 8(\bmod 97) \qquad 8976 \equiv 52(\bmod 97)$$
$$4567 \equiv 59(\bmod 98) \qquad 8976 \equiv 58(\bmod 98)$$
$$4567 \equiv 13(\bmod 99) \qquad 8976 \equiv 66(\bmod 99)$$

步驟 2　將 4567 和 8976 重新改寫成同餘數的乘積。

$$4567 \times 8976 \equiv 28 \times 76 \equiv 81(\bmod 89)$$
$$4567 \times 8976 \equiv \ 7 \times 46 \equiv 37(\bmod 95)$$
$$4567 \times 8976 \equiv \ 8 \times 52 \equiv 28(\bmod 97)$$
$$4567 \times 8976 \equiv 59 \times 58 \equiv 90(\bmod 98)$$
$$4567 \times 8976 \equiv 13 \times 66 \equiv 66(\bmod 99)$$

步驟 3　解下列聯立同餘式。

$$\begin{cases} x \equiv 81(\bmod 89) \\ x \equiv 37(\bmod 95) \\ x \equiv 28(\bmod 97) \\ x \equiv 90(\bmod 98) \\ x \equiv 66(\bmod 99) \end{cases}$$

利用中國餘式定理
我們解出 $x = 40993392$

注意：基於演示的目的，選擇 4567 和 8976 這兩個較小的數字。

例 2 密碼學

密碼學是一種將資料和機密資訊編碼設計的技術。目前有兩種密碼系統。

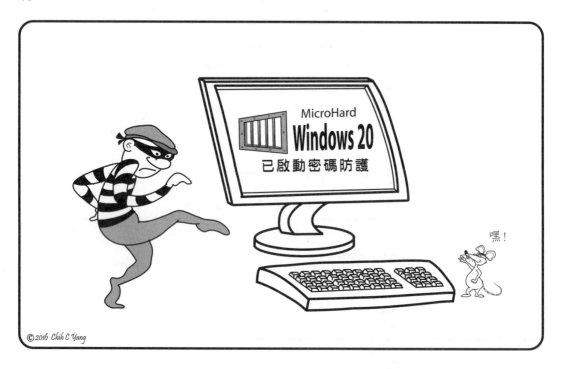

(1)私鑰密碼系統（對稱性密碼）

使用相同的密鑰進行加密與解密訊息的密碼系統。

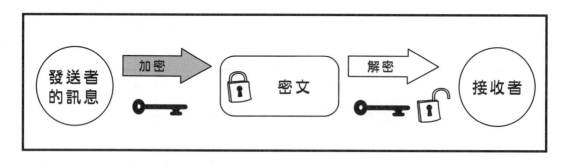

⑵公鑰密碼系統（非對稱性密碼）

使用兩種不同的密鑰進行加密與解密訊息的密碼系統。

一把私鑰和一把公鑰

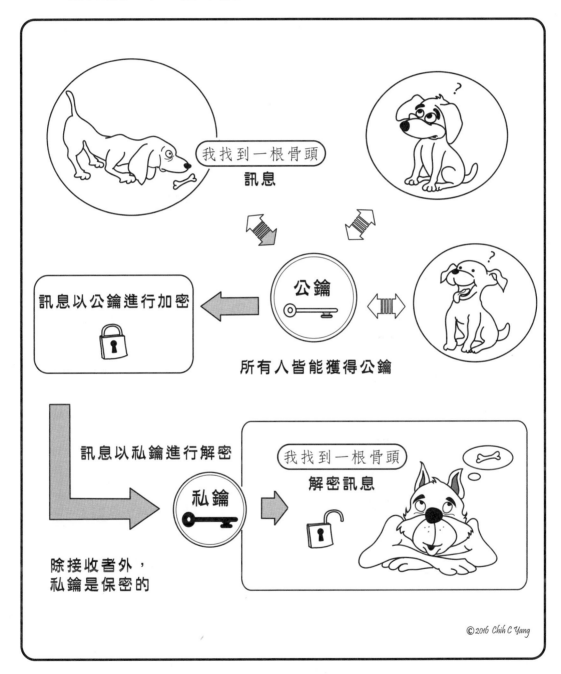

RSA 公鑰密碼系統

RSA 密碼系統是最為廣泛使用的公鑰密碼系統。用於確保電子郵件、信用卡付款系統網路交易的安全。此系統理論是基於要分解出兩個巨大質數的乘積是很困難的。

RSA 密碼系統如何運作？

步驟 1   製作一對鑰匙

製作鑰匙需要兩個**巨大**的質數。為便於說明，我們選擇兩個較小的質數 $p = 23$ 和 $q = 43$。這兩把鑰匙由 p 和 q 構成，過程如下所示：

公鑰

加密方程 $f(x) = x^e \pmod{m}$

$m = pq = 23 \times 43 = 989$ 且 $e = 221$

$f(x) = x^{221} \pmod{989}$

（製作後公開）

（詳細過程見附錄）

私鑰

解密方程 $g(x) = x^d \pmod{m}$

$d = 485, \ g(x) = x^{485} \pmod{989}$

（保存成機密）

步驟 2　將字母轉換為數字

轉換表格：字母與整數的關聯

字母	a	b	c	d	e	f	g	h	i	j	k	l	m	n
數字	00	01	02	03	04	05	06	07	08	09	10	11	12	13
字母	o	p	q	r	s	t	u	v	w	x	y	z	空格	
數字	14	15	16	17	18	19	20	21	22	23	24	25	26	

範例：一個明文訊息 "buddy i found a bone" 轉換成數字後排成 3 位數的
　　　群組。

```
明文  b  u  d  d  y     i     f  o  u  n  d     a     b  o  n  e
數字  01 20 03 03 24 26 08 26 05 14 20 13 03 26 00 26 01 14 13 04 26
3位數群組  012 003 032 426 082 605 142 013 032 600 260 114 130 426
```

步驟 3　將明文訊息加密

3 位數群組利用函數 f 以公鑰加密的轉換過程如下：

映射 $f : x \to f(x)$

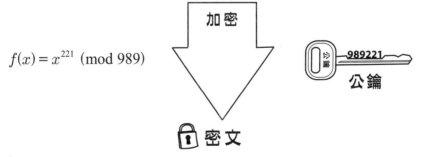

3 位數明文群組

x　　012　003　032　426　082　605　142　013　032　600　260　114　130　426

加密

$f(x) = x^{221} \pmod{989}$

989221
公鑰

密文

$f(x)$　886　417　538　518　174　030　625　496　538　876　973　528　130　518

步驟 4　將密碼解密

步驟 4 是步驟 2 和步驟 3 的逆推。函數 g 即是用來解開這個密文的私鑰。在這個例子中，$g(x) = x^{485}(\bmod\, 989)$。

映射 $g : x \to g(x)$

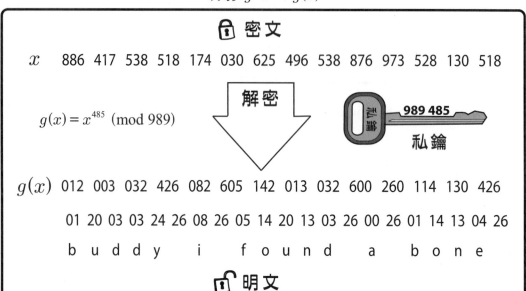

公鑰系統的缺點

公鑰系統非常好用且極安全，但是會消耗大量的運算能力而且明顯的比私鑰系統慢。實際上，RSA 系統需要兩個巨大的質數 p 和 q。而這會產生巨大的指數 e 和 d，分別用於加密函數 $f(x)$ 和解密函數 $g(x)$。

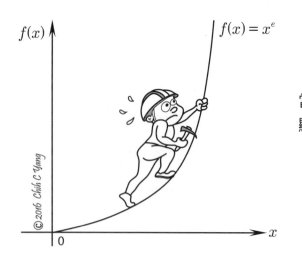

對於同餘式
$$f(x) = x^e(\bmod\, m) \text{ 和}$$
$$g(x) = x^d(\bmod\, m)$$
當 e 和 d 變大時，計算速度會明顯的變得很慢。

利用中國餘式定理 (CRT) 來提升 RSA 的執行效能

在簽署 HTTPS 加密協定憑證和解密期間，執行 RSA 時多數都會使用 CRT，這種方法比未使用 CRT 的傳統 RSA 演算法要快很多。

它是如何運作的？

未使用 CRT 的傳統 RSA 演算法

在傳統 RSA 的操作中，是利用 $f(x)$ 和 $g(x)$ 同餘式直接進行運算的。
令 $x_1 = a,\ x_2 = b$

則　　公鑰 $f(x_1) = a^e (\mathrm{mod}\ m)$

私鑰 $g(x_2) = b^d (\mathrm{mod}\ m)$

慢

使用 CRT 執行

步驟 1

將公鑰和私鑰中的模數 m 皆以較小的數字 p 和 q 取代，並重新改寫聯立同餘式：

$$f(x_1) = x_1^e (\mathrm{mod}\ m),\ m = pq \Rightarrow \begin{cases} f(x_1) = x_1^e (\mathrm{mod}\ p) \\ f(x_1) = x_1^e (\mathrm{mod}\ q) \end{cases}$$

$$g(x_2) = x_2^d (\mathrm{mod}\ m),\ m = pq \Rightarrow \begin{cases} g(x_2) = x_2^d (\mathrm{mod}\ p) \\ g(x_2) = x_2^d (\mathrm{mod}\ q) \end{cases}$$

步驟 2

使用聯立同餘式作為鑰匙，令 $x_1 = a$ 和 $x_2 = b$，則

$$\begin{cases} f(x_1) = a^e (\mathrm{mod}\ p) = A_1 \\ f(x_1) = a^e (\mathrm{mod}\ q) = A_2 \end{cases} \Rightarrow \boxed{利用\ CRT\ 解出} \Rightarrow f(x_1) = A (\mathrm{mod}\ m)$$

$$\begin{cases} g(x_2) = b^d (\mathrm{mod}\ p) = B_1 \\ g(x_2) = b^d (\mathrm{mod}\ q) = B_2 \end{cases} \Rightarrow g(x_2) = B (\mathrm{mod}\ m)$$

快

舉例

假設在一個 RSA 公鑰密碼系統中，$p=23$, $q=43$ 和 $d=485$。並截獲了一個密文訊息「538」。那究竟傳送的是什麼訊息呢？

未使用 CRT 之傳統解密

私鑰 $g(x)$ 用於恢復原始訊息

因為 $m=pq=23\times 43=989$，可得

$$g(x)=g(538)=538^{485}=32(\bmod\,989)$$

則解得訊息為 32

使用 CRT 解密

步驟 1

使用 CRT 的運算，$g(x)$ 重新改寫為聯立同餘式。模數 $m(m=pq=989)$ 被兩個質數 $p=23$ 和 $q=43$ 取代。

$$g(x)=x^{485}=538^{485}(\bmod\,989) \Rightarrow \begin{cases} g(x)=538^{485}(\bmod\,23) \\ g(x)=538^{485}(\bmod\,43) \end{cases}$$

則 $\begin{cases} g(x)=538^{485}=9^{485}=9(\bmod\,23) \\ g(x)=538^{485}=22^{485}=32(\bmod\,43) \end{cases}$

步驟 2

接著，利用 CRT 解下列聯立同餘式

$$\begin{cases} g(x)=9(\bmod\,23) \\ g(x)=32(\bmod\,43) \end{cases}$$

得 $g(x)=32(\bmod\,989)$

解得訊息為 32

RSA–CRT 解密速度比傳統 RSA 演算法的解密速度約快了四倍。
(Shind and Fadewar, 2008 and Stalling, 2010)

總結

　　中國餘式定理 (CRT)，可稱得上是數學中的珍寶。它可將一個困難的問題以幾個簡單的問題替換之。它在編碼、計算和密碼學領域中的用處都已得到驗證。值得注意的是它也被發現能應用在序列編碼、快速傅立葉變換、戴德金定理、距離含糊度解析、決定多項式的最大公因式和希爾伯特反矩陣 (Hilbert matrix)。即使 CRT 幾世紀以來已廣為所知，卻仍持續在新的脈絡和開放的遠景中展現新的運用。

參考文獻

❶ Gilbert, L. and J. Gilbert. *Elements of Modern Algebra*, 8th Edition, Brooks/Cole, Cengage Learning, CA, 2015.

❷ Hungerford, T. W. *Abstract Algebra: An Introduction*. Saunders College Publishing, 1990.

❸ Hardy, D. W. and C. L. Walker. *Applied Algebra: Codes, Ciphers, and Discrete Algorithms*, Pearson Education, Inc., NJ, 2003.

❹ Shinde, G. N. and H. S. Fadewar. "Faster RSA Algorithm for Decryption Using Chinese Remainder Theorem," Vol. 5, No. 4, pp.255–261, ICCES, 2008.

❺ Stallings, W. *Cryptography and Network Security: Principles and Practice*, 5th Edition, Prentice-Hall, NJ, 2010.

❻ Sun Tsu; *The Mathematical Classic of Sun Tsu*, 孫子算經 , China, 400 A. D..

9

對稱性探索

科學方法的演進

亞里斯多德學派的歸納－演繹推理是早期科學的思維方式。亞里斯多德的歸納法是從觀察到推論出一般性的論述，演繹推理則是從一般性的論述出發，然後得到一個邏輯的結論。

亞里斯多德
強調在科學中觀察的重要性。

演繹推理，也就是眾所周知的邏輯推論，它是連結前提以得到結論。如果前提為真，並且遵循演繹規則，則結論必為真。

凡狗都喜歡骨頭。

阿爾奇是狗。
所以阿爾奇一定喜歡骨頭。

© 2015 Chih Yang

但是要注意演繹的謬誤：

國王總是正確的。

The King

國王說凱蒂是狗。
因此凱蒂是狗。

國王萬歲！

© 2015 Chih Yang

伽利略的實驗與數學

在伽利略的科學方法之前，亞里斯多德設計一個推理方法：就是從假設，而非實驗，來進行演繹推理。

伽利略在西元1609年製造了第一臺望遠鏡，是將原先在荷蘭設計的模型進行改良。後來，他製造出一個能將物體放大20倍的改良版。有了這臺望遠鏡，他能觀察月亮和其他星球。

他發現月亮並非長期如亞里斯多德所宣稱的是半透明且完美的球體。

©2017 Chih Yang

伽利略以實驗和數學作為研究工具。他改變研究方法論，從言語描述的定性研究法變成科學實驗的定量研究法。

伽利略從比薩斜塔丟下兩個不同重量的物體。透過他的實驗，他駁斥亞里斯多德認為重物比輕物降落速度快的觀點，也發展出一個自由落體的數學公式。

©2015 Chih Yang

＊警告：不要透過望遠鏡或雙筒望遠鏡直視太陽。

艾薩克・牛頓的偉大邁進

　　艾薩克・牛頓是 16 及 17 世紀科學革命的關鍵貢獻者。

　　17 世紀，在牛頓之前有兩個科學方法。一個是法蘭西斯・培根 (Francis Bacon) 的「實驗歸納法」；另一個是勒內・笛卡兒 (Rene Descartes, 1596–1650) 的理性「演繹法」。

©2015 Chih Yang

　　牛頓結合這些方法並改良其過程成為現在我們使用的方式：

▶ 設計實驗

▶ 收集並分析資料

▶ 形成假設

▶ 用其他實驗檢驗假設

▶ 描述每個步驟的程序以便他人能重複這個實驗

古典物理的垮臺

　　牛頓自然定律[1]的成功讓很多人相信宇宙是完備的這樣的說法。然而，宇宙其實比牛頓力學能解釋得更為複雜。

　　在邁入 20 世紀之際，數個巨大的衝擊正威脅古典物理的基礎。這些理論敘述如下：

▶ 馬克士威 (James Clerk Maxwell) 的電磁學理論

▶ 邁克生－莫雷實驗 (Michelson－Morley experiment)

▶ X 光及放射線的發現

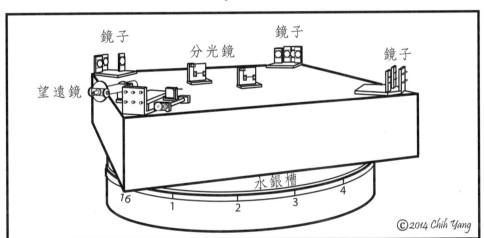

　　西元 1887 年邁克生－莫雷實驗的目的就是在揭露一個稱作「以太」物質的存在與特性，一個被認為是瀰漫充斥在宇宙的物質。該實驗被認為是一個最著名的失敗實驗，並被看作是第一個否定以太存在最強而有力的證據。其無效的結論反駁了牛頓力學。

　　後來科學家理解到只用牛頓力學評述所有自然現象的基本原理是不適當的。

---

❶譯注：牛頓第一運動定律說明物體所受合力為零時，必定維持其運動狀態；牛頓第二運動定律則說明當質量固定不變的物體受外力作用產生的加速度與施力大小成正比。

重重困難

後伽利略時期，物理學家們已遵循實驗結果將近 400 年。然而，到 19 世紀末，物理理論已不再只受實驗桎梏。

©2015 Chih Yang

一些科學家開始思索科學理論的新想法從何而來，這些理論要如何被證實。科學家們開始渴望地尋找新的指導原則。

美學

20 世紀初期，在愛因斯坦的引領下，美學 (aesthetics) 的出現成為一個新的指導原則誕生。

李奧納多·達文西（Leonardo da Vinci, 1452–1519）的**《維特魯威人》**(*Vitruvian Man*)[2]描繪出人體及宇宙中的對稱。當移動一個男人的四肢時，會剛好分別嵌進一個圓形和一個正方形。此時，圓面積和正方形面積為相等的。它們是**不變量 (invariant)**。

美學是哲學的一個分支，它聚焦在藝術的本質及美的欣賞。美學的探索不可避免地引導出**對稱性 (symmetry)** 的討論。對稱指的是部分或元素間的協調平衡。根據一位 20 世紀的數學家赫爾曼·韋爾 (Hermann Weyl, 1885–1955) 的說法：

「對稱，不論你是從廣義或狹義來定義其涵義，它就是人類經過世代洗禮所試圖理解並創造出秩序、美麗及完美的一種概念。」

---

[2]譯注：達文西根據一位古羅馬建築師維特魯威 (Vitruvius) 留下關於比例的學說而繪製出一個具完美比例的人體素描圖像《維特魯威人》。

對稱性探索

　　愛因斯坦認為對稱是了解自然世界的規則。1920 年代，隨著量子力學的發展，對稱原則在現代物理的探索中變得日益重要。至今，對稱性為物理定律理論形成的指導原則。

古典物理的兩大支柱——
笛卡兒世界觀和牛頓世界
觀——被相對論及量子力
學推翻。

　　對於新的物理理論研究已轉向成對稱性的探索。

對稱性

對稱就是元件之間的一對一對應，或是指在中心點、軸線或平面之相反方向的元素。對稱性無處不在，如在自然界、設計、藝術與建築中。

自然界的對稱

©2015 Chih Yang

對稱的概念不只侷限在幾何對稱，它也可以有其他的對稱形式。

抽象術語的對稱

在數學領域中，對稱是一個物件的剛體運動❸——意即一個物件的變換 (transformation)、旋轉 (rotation)、平移 (translation) 或鏡射 (reflection) 使物件本身沒有改變或是**不變量**。

在物理領域中，對稱指的是一個物理系統經過確切變換後的不變性。

---

❸譯注：剛體是指具有一定大小與形狀的物件，組成此物件的每個質點間的相對位置是固定的。

對稱群

在二維對稱中有兩種群：帶狀飾邊群 (frieze groups) 和非帶狀飾邊群 (non-frieze groups)。帶狀飾邊群以同一種模式複製圖案。它們是**線不變量 (line invariant)**。

⑴**帶狀飾邊群**──平移和滑動鏡射 (glide reflection)：

恰有七種可能類型

(2)非帶狀飾邊群——壁紙群 (wallpaper groups)

非帶狀飾邊群不是線不變量。在非帶狀飾邊群中，有 17 種獨特圖案。這些圖案常見於裝飾藝術及建築中。

（非帶狀飾邊群）

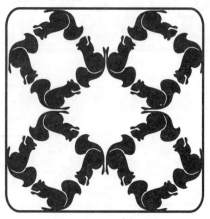

（非帶狀飾邊群）

三維對稱

空間群 (space groups) **或晶體群** (crystallographic groups)

有七種晶體系統被歸類為 32 種有限對稱群及 230 種無限對稱群。

七種晶體系統的幾何形體範例：

1. **立方晶系**(Cubic)　　　等角 黃金、鑽石、黃鐵礦	2. **六方晶系**(Hexagonal)  石英、綠寶石
3. **單斜晶系**(Monoclinic) 輝石、滑石	4. **斜方晶系**(Orthorhombic) 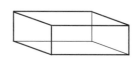 硫磺、黃寶石
5. **四方晶系**(Tetragonal) 白鎢礦、金紅石	6. **三斜晶系**(Triclinic) 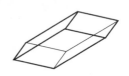 微斜長石、薔薇輝石
7. **三方晶系**(Trigonal)  石墨、電氣石	

手性

一個物體如果無法與其鏡像重疊，則稱其具有手性 (chiral)。手性 (chirality) 是一個不對稱 (asymmetry) 的性質，它展現了手旋性 (handedness)。

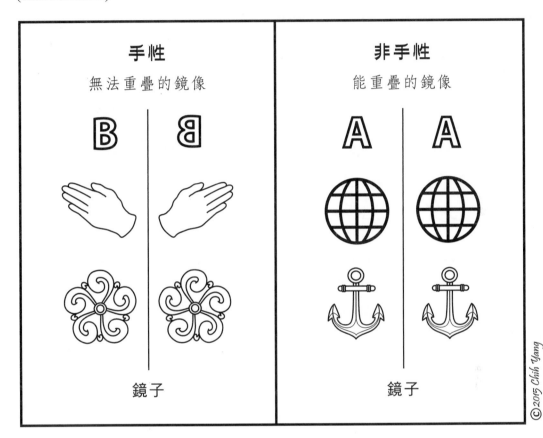

1848 年，路易·巴斯德 (Louis Pasteur) 在結晶實驗中發現手性的存在。巴斯德在相同的物質中找到兩種彼此互為鏡像卻無法重疊的微小晶體。有一種晶體類型被發現與葡萄發酵所產生的酒石酸是完全相同的，而另一種晶體類型則尚未在自然界被觀察到。

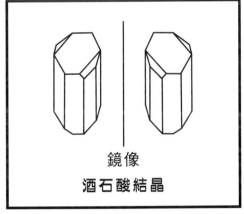

自然界的手性

　　幾乎所有生物聚合物都具有相同手性去運作及維持生命。所有生物體中的胺基酸被發現為左旋 (left-handed)。另一方面，所有在 RNA 和 DNA 的核苷酸則為右旋 (right-handed)。

絕大多數的腹足類都為右旋殼 (dextral)。

　　同手性 (homochirality)——自然界中，有些物質恆為左旋，有些恆為右旋。若所有組成成分都展現相同的手性型態，則稱該物質具有同手性。

一般化學合成的手性

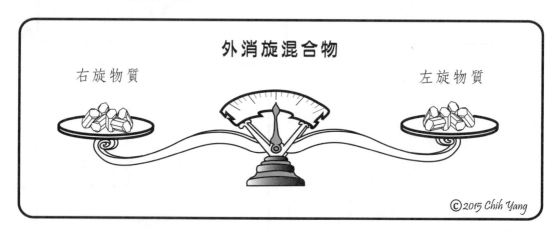

　　實驗室裡製造的手性物質發生在左旋和右旋兩種物質為等量的時候（一種等比例混合物，稱為外消旋混合物）。

一個手性的重要性之悲慘案例：沙利竇邁

　　沙利竇邁 (thalidomide) 是 1950 年代在西歐以 Contergan 之名所推出的一種藥物。醫師們聲稱它是孕婦的鎮靜劑。該藥以一種由沙利竇邁的 R 構型和 S 構型❹所合成的外消旋混合物製成且販售。

沙利竇邁的鏡像

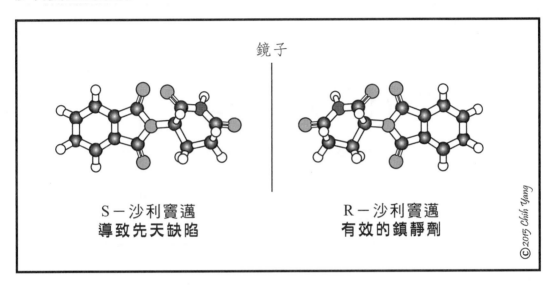

鏡子

S－沙利竇邁
導致先天缺陷

R－沙利竇邁
有效的鎮靜劑

© 2015 Chih Yang

　　沙利竇邁造成上千名嬰兒先天四肢短肢畸形，該藥因而在 1961 年被禁用。

沙利竇邁引起的先天缺陷

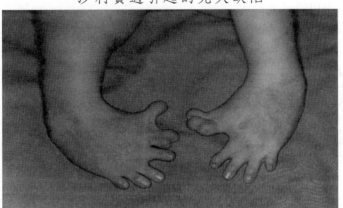

（圖片來源：http://commons.wikimedia.org/wiki/File:NCP14053.jpg）

---

❹譯注：R 和 S 源自拉丁文 rectus 及 sinister，意即右與左，表示立體中心上基團之優先順序分別為順時針排列及逆時針排列。

物理中的對稱

動量守恆

在一個封閉系統，總動量守恆，不會改變。

之前

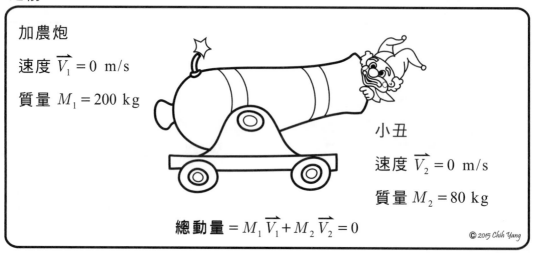

加農炮

速度 $\overrightarrow{V_1} = 0$ m/s

質量 $M_1 = 200$ kg

小丑

速度 $\overrightarrow{V_2} = 0$ m/s

質量 $M_2 = 80$ kg

總動量 $= M_1 \overrightarrow{V_1} + M_2 \overrightarrow{V_2} = 0$

© 2015 Chih Yang

之後

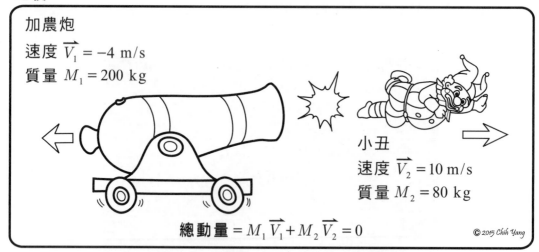

加農炮

速度 $\overrightarrow{V_1} = -4$ m/s

質量 $M_1 = 200$ kg

小丑

速度 $\overrightarrow{V_2} = 10$ m/s

質量 $M_2 = 80$ kg

總動量 $= M_1 \overrightarrow{V_1} + M_2 \overrightarrow{V_2} = 0$

© 2015 Chih Yang

根據諾特定理，對於每個局部作用下的可微分**對稱性**，始終存在一個對應的守恆流。這個物理理論說明了能量守恆定律、動量守恆定律及角動量守恆定律。

天空中的對稱

北斗七星

　　北斗七星是北半球星空中最著名的星群。北斗七星以逆時針方向繞天球北極移動證明了旋轉對稱性。

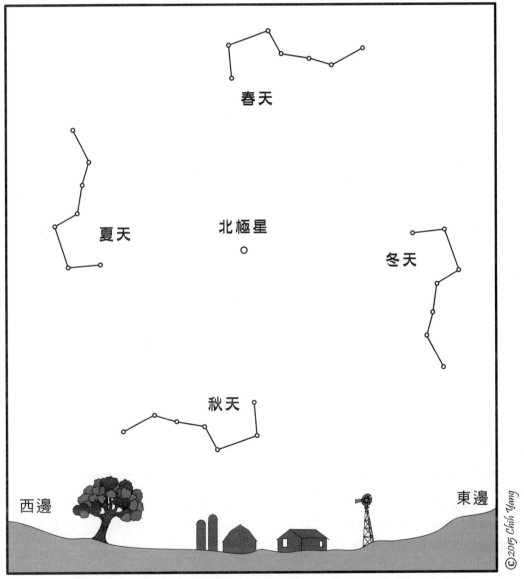

北斗七星與北極星一年四季傍晚的相對位置。

　　因為地球自轉，北斗七星看起來就像每 24 小時繞北極星一圈。

財務管理的對稱

富不過三代

上圖的循環過程是很多跨文化的世代富裕家庭常見型態。家庭第一代建造財富，第二代看管或保存它，第三代揮霍殆盡。根據統計，90％的富裕家庭在第三代最後會失去財富。

在金融服務業中，某些方案是專為幫助富人打破這個循環所設計出來的。

音樂中的對稱

　　音樂是充滿對稱性的例子。其中最熟悉的是約翰·賽巴斯蒂安·巴哈 (Johann Sebastian Bach) 的卡農 (canon) 和賦格 (fugues)。卡農和賦格皆運用了複調的編曲技術。卡農引用了一種由同一個音程連續模仿的旋律曲式。這些模仿可以使用不同樂器演奏或是由不同聲部演唱。

引用帕赫貝爾 (Pachelbel) 的 D 大調卡農

© 2015 Chih Yang

影像識別的對稱

範例：交通資訊

這是很典型的早上尖峰時刻，交通管制系統如往常忙碌。

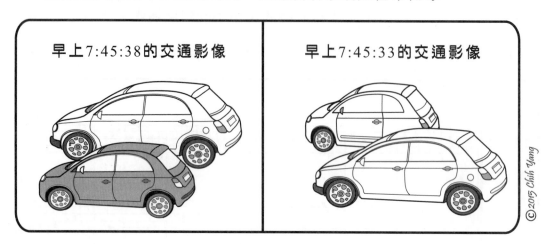

電腦如何辨識上一刻在左車道的汽車是現在在右車道的汽車？

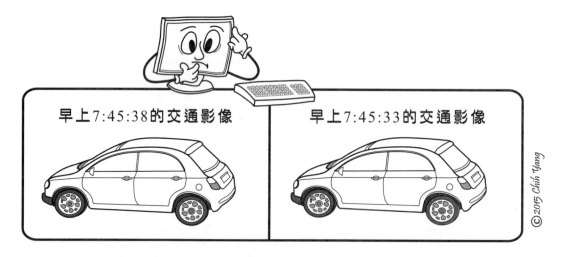

交通模式對時間來說具有對稱性。群論提供一個數學的解決辦法，讓電腦能辨別並闡釋這些影像。**群論 (group theory)** 是描述對稱性的一種語言。

參考文獻

❶ Booth, Basil; *Rocks and Minerals*; Chartwell Books, Inc., NJ, 1993.

❷ Durbin, John R.; *Modern Algebra: An Introduction*, 5th Edition, John Wiley & Sons, Inc., 2005.

❸ Farris, Frank A.; *Creating Symmetry: The Artful Mathematics of Wallpaper Patterns*, Princeton University Press, NJ, 2015.

❹ Gross, David J.; "The Role of Symmetry in Fundamental Physics," *Proceedings of the National Academy of Sciences of the United States of America*, 1996.

❺ Hargittai, Magdolna and István Hargittai; *Visual Symmetry*, World Scientific Publishing, NJ, 2009.

❻ Lemon, Harvey Bruce; *From Galileo to the Nuclear Age*, 2nd Edition, The University of Chicago Press, Chicago, 1946.

❼ Polya, George; *Mathematical Methods in Science*, Mathematical Association of America, Washington D.C., 2012.

❽ Ronan, Mark; *Symmetry and the Monster: One of the Greatest Quests of Mathematics*, Oxford University Press, Oxford, 2006.

❾ Selig, J. M.; *Geometric Fundamentals of Robotics*, 2nd Edition, Springer, 2005.

❿ Tipler, Paul A. and Ralph A. Llewellyn; *Modern Physics*, 6th Edition, W. H. Freeman and Company, NY, 2012.

⓫ Weyl, Hermann; *Symmetry*, Princeton University Press, 1952.

⓬ Webb, Stephen; *Out of this World: Colliding Universe, Branes, Strings, and Other Wild Ideas of Modern Physics*, 2004, Copernicus Books, 2004.

⓭ Zee, A. and Roger Penrose; *Fearful Symmetry: The Search for Beauty in Modern Physics*, Princeton Science Library, NY, 2007.

10

代數系統

代數系統

　　一個**代數系統** (algebra system) 是有一個或多個運算所定義的集合。
這些運算必須符合代數定律 (algebraic laws)。

代數定律
違者將被起訴

©2017 Chih Yang

ॐॐॐॐॐॐॐ　　**代數定律**　　ॐॐॐॐॐॐॐ

　　假設 A 是一個集合且集合內的元素定義兩種二元運算，我們將這兩種
運算寫成「加法」與「乘法」，並將運算符號分別記作 " $+$ " 和 " $\cdot$ "。這裡
的「加法」不一定是指實際數字相加的方法，「乘法」也不一定是指實際數
字相乘的方法。

A1　加法封閉性 (Closure law of addition)：
　　對於所有集合 A 中的任兩個元素 a 和 b，則 $a+b$ 也會在集合 A 中
　　（$\forall a, b \in A$，則 $a+b \in A$）

A2　加法結合律 (Associative law of addition)：
　　$\forall a, b, c \in A$，則 $a+(b+c)=(a+b)+c$

A3　加法單位元 (Additive identity)：
　　$\forall a \in A$，必定存在一個元素 $0 \in A$，使得 $0+a=a+0=a$，
　　我們稱這個元素 0 為加法單位元

A4　加法反元素 (Additive inverse)：
　　$\forall a \in A$，必定存在一個元素 $-a \in A$，使得 $a+(-a)=(-a)+a=0$，
　　我們稱這個元素 $-a$ 為 a 的加法反元素

A5　加法交換律 (Commutative law of addition)：
$\forall a,\, b \in A$，則 $a + b = b + a$

M1　乘法封閉性 (Closure law of multiplication)：
$\forall a,\, b \in A$，則 $a \cdot b \in A$

M2　乘法結合律 (Associative law of multiplication)：
$\forall a,\, b,\, c \in A$，則 $a \cdot (b \cdot c) = (a \cdot b) \cdot c$

M3　乘法單位元 (Multiplicative identity)：
$\forall a \in A$，必定存在一個元素 $1 \in A$，使得 $1 \cdot a = a \cdot 1 = a$，
我們稱這個元素 1 為乘法單位元

M4　分配律 (Distributive law)：
$\forall a,\, b,\, c \in A$，則 $a \cdot (b + c) = a \cdot b + a \cdot c$ 且 $(a + b) \cdot c = a \cdot c + b \cdot c$

M5　乘法交換律 (Commutative law of multiplication)：
$\forall a,\, b \in A$，則 $a \cdot b = b \cdot a$

M6　無零因子 (No zero-divisors)：
$\forall a,\, b \in A$ 且 $a \cdot b = 0$，則必為 $a = 0$ 或 $b = 0$

M7　乘法反元素 (Multiplicative inverse)：
$\forall a \in A$ 且 $a \neq 0$，必定存在一個元素 $x \in A$，使得 $a \cdot x = x \cdot a = 1$，
我們稱這個元素 x 為 a 的乘法反元素

群、環、整環與體

代數定律與代數系 (Algebraic Laws and Systems)

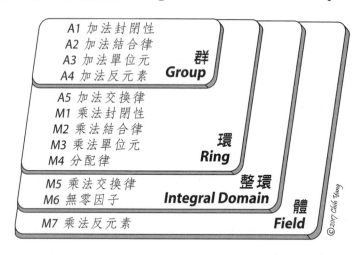

假設 A 是一個由兩個二元運算所定義而成的集合，例如 + 與 × 兩種運算。

⑴若 A 符合性質 $A1$～$A4$，則稱 A 在加法運算下為一個**群**，亦可記作 $(A, +)$。若 A 同時符合 $A5$，則稱 $(A, +)$ 為一個交換群（commutative group 或 abelian group）。

⑵若 A 符合性質 $A1$～$A5$ 與 $M1$～$M4$，則稱 A 為給定兩種運算元 (two given operations) 的一個**環**，亦可記作 $(A, +, \times)$。若 A 同時符合 $M5$，則稱 $(A, +, \times)$ 為一個交換環 (commutative ring)。

⑶若 A 符合性質 $A1$～$A5$ 與 $M1$～$M6$，則稱 $(A, +, \times)$ 為一個**整環**。

⑷若 A 符合全部性質 $A1$～$A5$ 與 $M1$～$M7$，則稱 $(A, +, \times)$ 為一個**體**。

舉例

⑴有理數 (rational numbers)、實數 (real numbers)、複數 (complex numbers) 這三者，皆符合全部性質 $A1$～$A5$ 與 $M1$～$M7$，所以每一個都是體。

⑵所有整數 (integers) 的集合，會形成一個整環。

⑶所有偶數 (even integers) 的集合，會形成一個交換環。

⑷模數 10(modulo 10) 的同餘集合（整數除以 10 之餘數所形成的集合）Z_{10} = { [0], [1], [2], [3], [4], [5], [6], [7], [8], [9] } 在加法與乘法的運算下 (mod 10) 是一個環。但因為 [2]×[5] = [0]，我們稱 [2] 和 [5] 為零因子 (zero divisors)。所以沒遵守 $M6$，因此 $(Z_{10}, +, \times)$ 不是一個整環。

群

群是一種代數結構，由符合代數定律 $A1 \sim A4$ 的二元運算之集合所組成。而由集合 G 與一個運算元 $\oplus$ 所組成一個群，可記為 $(G, \oplus)$。

柏拉圖正多面體的對稱群

正六面體　　正八面體　　正四面體　　正十二面體　　正二十面體

15 數字推盤置換群

四面體形分子構形群

魔術方塊群

Remix:
Booyabazooka, Commons.Wikimedia.org

例 1

整數集合 Z 會藉由正規加法運算形成一個群，亦可記作 $(Z, +)$。要形成一個群，集合的運算元必須滿足下列定律：

⑴ **封閉性 (Closure Law)**

若 a, b 為任意兩個整數，則 $a + b$ 的相加之和也是整數。

⑵ **結合律 (Associative Law)**

任意取三個整數 a, b, c，則 $a + (b + c) = (a + b) + c$。

⑶ **單位元 (Identity Law)**

在加法中的 0 是單位元。對任意整數 a，$a + 0 = 0 + a = a$。

我們通常以 e 表示單位元。

⑷ **反元素 (Inverse Law)**

任取一個整數 a，則整數中必存在一個反元素 $-a$，

使得 $a + (-a) = (-a) + a = 0$。

例 2

複數的子集 $G = \{1,\ -1,\ i,\ -i\}$ 在乘法運算下是一個群 ， 亦可記作 $(G,\ \times)$ 。

凱萊表 Cayley Table

$\times$	1	-1	i	$-i$
1	1	-1	i	$-i$
-1	-1	1	$-i$	i
i	i	$-i$	-1	1
$-i$	$-i$	i	1	-1

$i = \sqrt{-1}$

(1)封閉性   由上圖的凱萊表可看出 G 在乘法運算下是封閉的
(2)結合律   因為結合律適用於所有的複數集合，所以 G 有結合律
(3)單位元   單位元 e 就是 1
(4)反元素   1 與 -1 互為反元素，i 與 $-i$ 互為反元素

群 G 的圖形表示

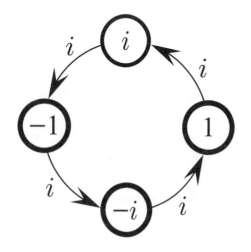

(A)箭號 $\xrightarrow{\ i\ }$ 是指「乘以 i」。

(B)元素 i 稱為 G 的 **生成元** (generator) 因為它會生成所有 G 的元素。

$$\langle i \rangle = \{\,i^1,\ i^2,\ i^3,\ i^4\,\}$$
$$= \{\,i,\ -1,\ -i,\ 1\,\} = G$$

此集合的所有元素皆可表示成 i^n，這裡的 n 是一個正整數。

(C)$\langle i \rangle$ 這個群稱為 **循環群** (cyclic group)。

例 3

模數 5(modulo 5) 的同餘集合 $Z_5 = \{[0], [1], [2], [3], [4]\}$，在加法運算下 (mod 5) 是一個群，亦可記作 $(Z_5, +)$。

凱萊表 Cayley Table

+	[0]	[1]	[2]	[3]	[4]
[0]	[0]	[1]	[2]	[3]	[4]
[1]	[1]	[2]	[3]	[4]	[0]
[2]	[2]	[3]	[4]	[0]	[1]
[3]	[3]	[4]	[0]	[1]	[2]
[4]	[4]	[0]	[1]	[2]	[3]

(1) 它具有封閉性
(2) 它有結合律
(3) 單位元 $e = [0]$
(4) 反元素：
　　[1] 和 [4] 互為反元素，
　　[2] 和 [3] 互為反元素。

循環群 Z_5 的圖形表示

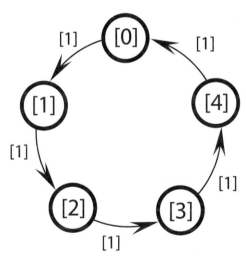

(A) 箭號 $\xrightarrow{[1]}$ 是指「加 [1]」。
(B) Z_5 這個群有 5 個元素，
　　稱 Z_5 的階 (order) 為 5。
(C) [1] 和 [4] 是 Z_5 的生成元：
　　$\langle[1]\rangle = \{[1]\cdot1, [1]\cdot2, [1]\cdot3, [1]\cdot4, [1]\cdot5\}$
　　　　$= \{[0], [1], [2], [3], [4]\} = Z_5$
　　$\langle[4]\rangle = \{[4]\cdot1, [4]\cdot2, [4]\cdot3, [4]\cdot4, [4]\cdot5\}$
　　　　$= \{[4], [3], [2], [1], [0]\} = Z_5$

例 4

模數 8(modulo 8) 的同餘集合 $Z_8 = \{[0], [1], [2], [3], [4], [5], [6], [7]\}$，其子集合 $U_8 = \{[1], [3], [5], [7]\} \subseteq Z_8$ 在乘法運算下 (mod 8) 是一個群，亦可記作 $(U_8, \times)$。

凱萊表 Cayley Table

×	[1]	[3]	[5]	[7]
[1]	[1]	[3]	[5]	[7]
[3]	[3]	[1]	[7]	[5]
[5]	[5]	[7]	[1]	[3]
[7]	[7]	[5]	[3]	[1]

(1)它具有封閉性
(2)它有結合律
(3)單位元 $e = [1]$
(4)反元素：每個元素本身就是自己的反元素

群 U_8 的圖形表示

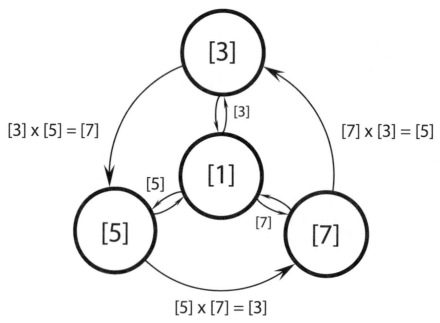

[3] x [5] = [7]   [7] x [3] = [5]

[5] x [7] = [3]

這稱為克萊因四元群 (Klein Four group)
沒有生成元，這不是循環群。

例 5　雙控開關電路

在室內配線時，一組雙控開關電路可讓你從不同地點控制電燈燈泡的開關

電路的開關位置會有下列四種可能

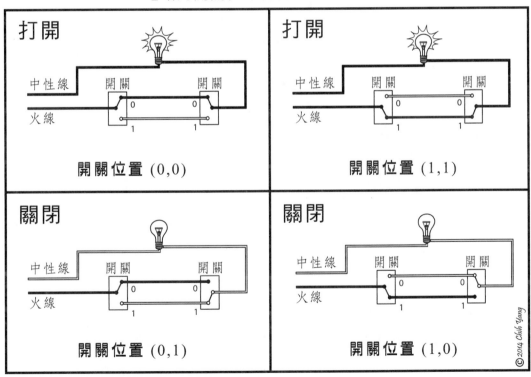

這四種開關位置可表示成一個群 $Z_2 \times Z_2 = \{(0, 0), (0, 1), (1, 0), (1, 1)\}$

　　$Z_2 \times Z_2 = \{(0, 0), (0, 1), (1, 0), (1, 1)\}$ 在模數 2(modulo 2) 的加法運算下是一個群，亦可記作 $(Z_2 \times Z_2, +)$。

凱萊表 Cayley Table

+	(0,0)	(0,1)	(1,0)	(1,1)
(0,0)	(0,0)	(0,1)	(1,0)	(1,1)
(0,1)	(0,1)	(0,0)	(1,1)	(1,0)
(1,0)	(1,0)	(1,1)	(0,0)	(0,1)
(1,1)	(1,1)	(1,0)	(0,1)	(0,0)

(1)它具有封閉性
(2)它有結合律
(3)單位元 $e = (0, 0)$
(4)反元素：每個元素本身就是自己的反元素

群 $Z_2 \times Z_2$ 的圖形表示

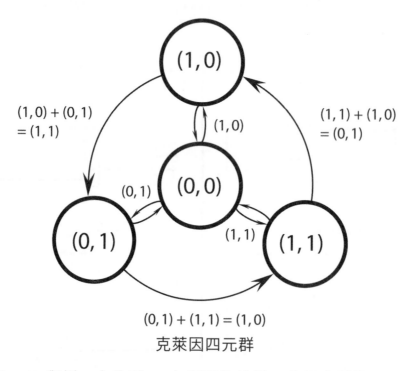

克萊因四元群

　　群 $Z_2 \times Z_2$ 與例 4 中的群 U_8 有相同的結構，都是克萊因四元群，像這種結構一樣的群，我們會說「群 $Z_2 \times Z_2$ 與群 U_8 是**同構的 (isomorphic)**。」

例 6　單兵徒手基本教練

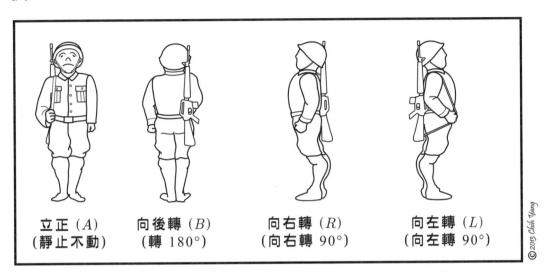

立正 (A)
(靜止不動)

向後轉 (B)
(轉 180°)

向右轉 (R)
(向右轉 90°)

向左轉 (L)
(向左轉 90°)

©2015 Chih Yang

　　以上四個命令可表示成一個集合 $G = \{A, B, R, L\}$。運算符號 ⊕ 表示兩個動作的先後順序，例如：$B \oplus R$ 代表先做 B 再做 R。此時 G 在 ⊕ 的運算下是一個循環群，亦可記作 $(G, \oplus)$。

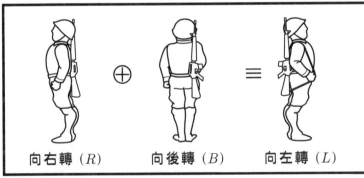

向右轉 (R)　⊕　向後轉 (B)　≡　向左轉 (L)

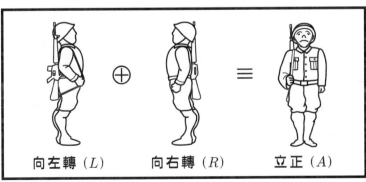

向左轉 (L)　⊕　向右轉 (R)　≡　立正 (A)

凱萊表 Cayley Table

⊕	A	B	R	L
A	A	B	R	L
B	B	A	L	R
R	R	L	B	A
L	L	R	A	B

由上表知 A 是單位元

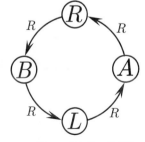

R 和 L 是生成元

群的分類

群有很多種，有些群看起來不一樣，但事實上卻剛好有一樣的結構或性質。因此，我們會依照它們的性質加以分類。

群的基本分類性質

(A)**一個群的階 (Order of a group)：**

一個群 G 的階是指 G 的**元素個數**。一旦知道一個群的元素個數，我們就可以很快速地辨別它可能的結構。

表：群的元素個數與可能的類型結構數

群的元素個數	1	2	3	4	5	6	7	8	9	10	11	12	13	14
可能的類型結構數	1	1	1	2	1	2	1	5	2	2	1	2	1	2

(1)從上表可知，當群的元素個數是質數 (prime-number) 時，它的結構只有一種：循環群。

(2)從前面例 2、例 4、例 5 與例 6 提到的群，看似全部不一樣，但它們都具有 4 階，它們的結構不是**循環群**就是**克萊因四元群**。

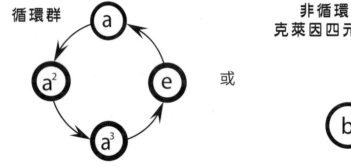

(3) 6 階群有兩種結構類型。

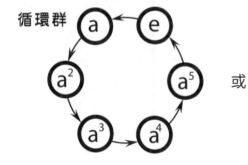

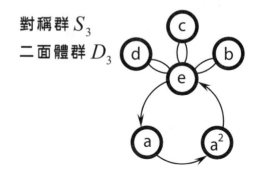

⒝**循環群 (Cyclic group)**：

若群 G 可以由某個元素所生成，則這樣的群稱為循環群。

（參考例 2、例 3 與例 6）

⒞**交換群 (Commutative or Abelian group)**：

若一個群在運算元 $*$ 的運算下是可交換的 (commutative)，意即 $a*b = b*a$，則稱這個群為交換群。

交換律 (commutative law) 說明了當你將兩個數字相加或相乘時，你可以改變數字運算的先後順序而不會影響計算結果。

例如：$2 + 3 = 3 + 2$，$4 \times 5 = 5 \times 4$，還有 $a + b = b + a$。

非交換運算

並非所有的群都會遵守交換律，尤其是具有對稱性的群 (groups in symmetry) 與量子力學 (Quantum mechanics) 都沒有交換律。我們可以在生活中找到許多不可交換 (non-commutativity) 的例子。下面例子的運算元 $\oplus$，表示兩個動作的先後順序，後面亦同。

例 1

先洗手再將手吹乾

先將手吹乾再洗手

例 2

先後的順序不同，結果會差很多

先拔牙後再打麻醉針 ≠ 先打麻醉針後再拔牙

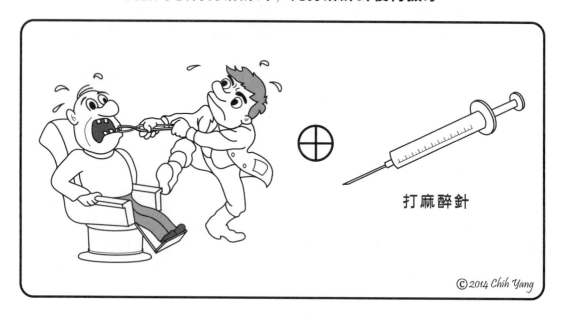

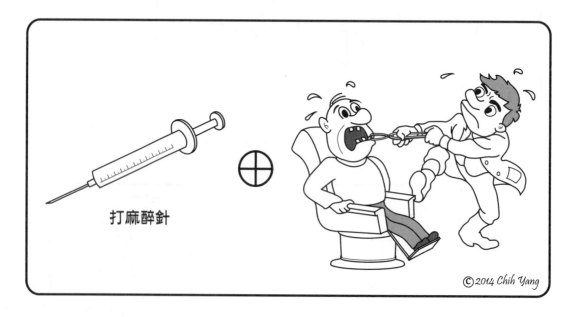

例 3

先吃酸的東西後，再吃甜的東西 ≠ 先吃甜的東西後，再吃酸的東西

酸 ⊕ 甜 ≠ 甜 ⊕ 酸

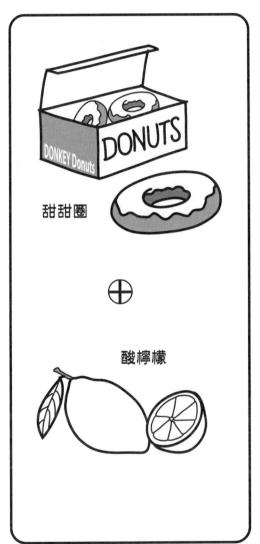

© 2014 Chih Yang

例 4

稀釋硫酸

硫酸 $\oplus$ 水 $\neq$ 水 $\oplus$ 硫酸

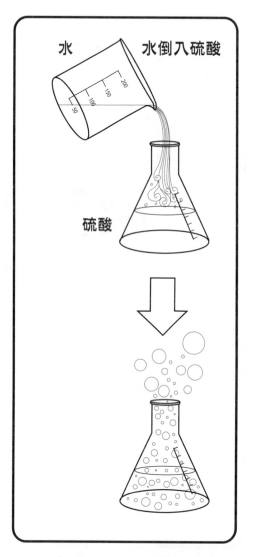

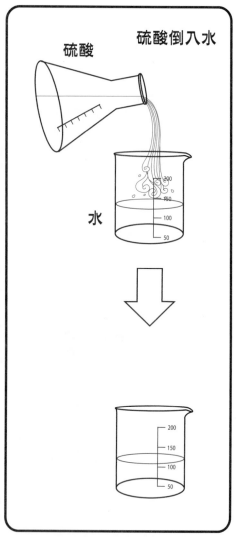

©2014 Chih Yang

例 5

輪胎對調
對調輪胎的目的是為了使輪胎磨耗平均以及延長使用壽命

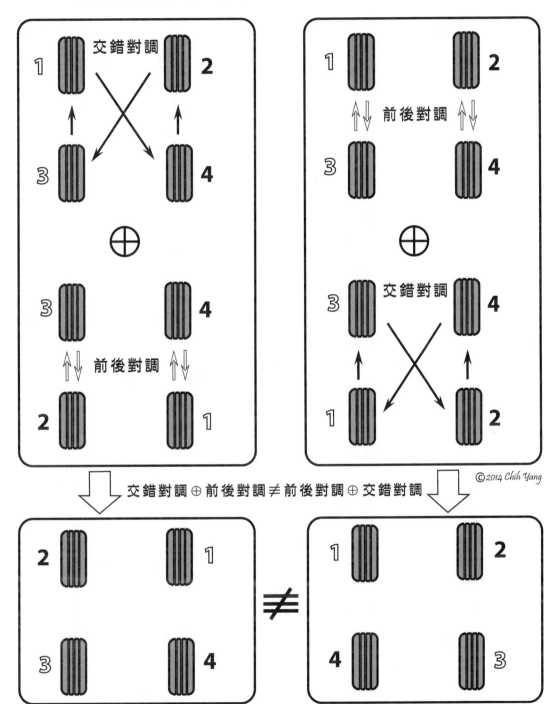

交錯對調 ⊕ 前後對調 ≠ 前後對調 ⊕ 交錯對調

例 6

跳舞
傾斜 ⊕ 旋轉 ≢ 旋轉 ⊕ 傾斜

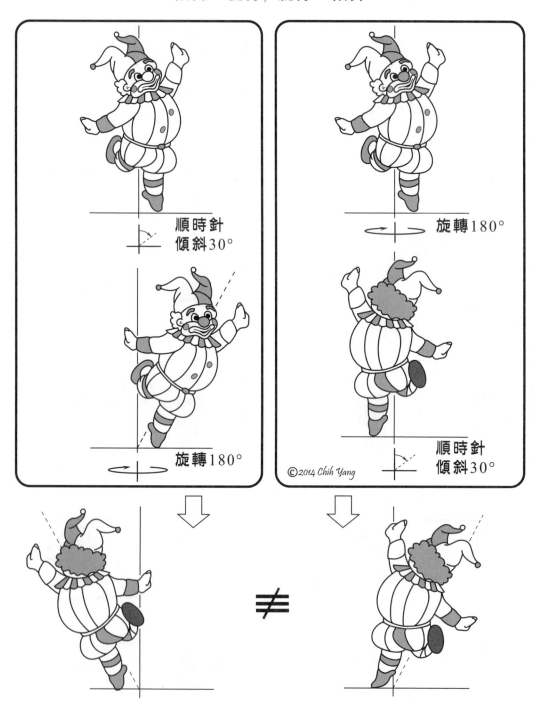

©2014 Chih Yang

非交換的應用

例 1　四元群

　　令 G 為一個集合，$G = \{1,\ i,\ j,\ k,\ -1,\ -i,\ -j,\ -k\}$，其元素的乘法運算定義為 $1^2 = (-1)^2 = 1$, $i^2 = j^2 = k^2 = -1$, $ij = -ji = k$, $jk = -kj = i$, $ki = -ik = j$，且對於所有的元素 $a \in G$，皆符合 $-a = (-1)a = a(-1)$，則稱 G 為一個**四元群** (Quaternion Group)。

　　有關於 i, j, k 的乘法運算規則可用右圖的循環圓圈表示。

　　G 的元素在乘法運算下之結果可用下表表示：

凱萊表 Cayley Table

×	1	i	j	k
1	1	i	j	k
i	i	-1	k	$-j$
j	j	$-k$	-1	i
k	k	j	$-i$	-1

　　因為 $k = ij \neq ji = -k$，所以這個乘法運算是不可交換的 (non-commutative)

　　G 在這個乘法運算下是**非交換群** (non-abelian group)。它是由愛爾蘭數學家威廉·哈密頓爵士 (Sir William Rowan Hamilton, 1805–1865) 在西元 1843 年發現，並應用在三維空間 (3D, three-dimensional) 的機械旋轉理論上。

　　四元群的應用層面很廣，在機器人 (robotics)、電腦動畫 (computer animation)、電腦視覺 (computer vision)、量子物理 (quantum physics) 以及結晶學 (crystallography) 的應用上都非常有貢獻。

例 2 德國鈔票

10位序號碼
加一位檢查碼8

（圖片來源：https://en.wikipedia.org/wiki/Deutsche_Mark#/media/File:DEU-10m-anv.jpg）

　　檢查碼 (check digits) 常被用於數據編碼的偵錯與安全性上。（見第 7 章）有一些方法是透過計算檢查碼來檢驗錯誤，但並非所有的方案在偵錯上皆萬無一失。以第 7 章例 1 的條碼而言，若遇到了換位錯誤，是無法透過計算檢查碼來找出錯誤的。例如將條碼中的 $a_2 = 3$ 與 $a_{11} = 5$ 交換，檢查碼 a_{12} 算出來與交換前算出來的一樣都是 2，所以無法檢測出錯誤。

　　為了避免這個問題，德國政府使用**維爾赫夫檢碼法 (Verhoeff's check -digitscheme)** 在德國鈔票 (1990–2002) 上的序號碼後面附加一個檢查碼。**維爾赫夫法 (Verhoeff's scheme)** 是一種基於二面體群 (dihedral group)D_5 的方法，可用來檢測所有的換位錯誤。

二面體群 D_5

F_a（作線對稱）

參考左圖的五角形，令符號 R 表示逆時針旋轉 $72°$ 一次。

符號 F_a 表示以直線 $a–a$ 為對稱軸**作線對稱（鏡射）**。

單位元記作 e。

$$D_5 = \{ e, \ R, \ R^2, \ R^3, \ R^4, \ F_a, \ F_aR, \ F_aR^2, \ F_aR^3, \ F_aR^4 \}$$

二面體群 D_5 是一個元素個數為 $10(\text{order} = 10)$ 的非交換群。

同構

一些群或許表面上看起來並不相同。如果任意兩個群有相同的代數結構 (algebraic structures)，則它們在實質上是相同的。

例 1　線性變換 (Linear Transformation)

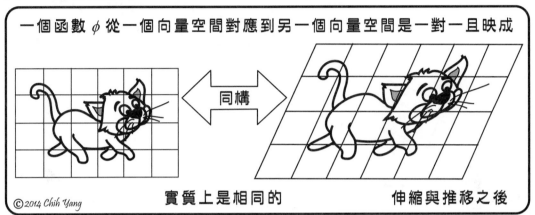

一個函數 ϕ 從一個向量空間對應到另一個向量空間是一對一且映成

同構

實質上是相同的　　　　　伸縮與推移之後

© 2014 Chih Yang

兩個群 $(G, \oplus)$ 和 $(G', \odot)$ 如果滿足以下條件，則在實質上是相同的：

⑴有一個**映射**或**函數** ϕ 從 G 對應到 G'（記作 $\phi : G \rightarrow G'$），是**一對一** (one-to-one) 且**映成** (onto)，亦稱為**對射** (bijective) **函數**。

⑵這個函數 ϕ 的運算為：$\forall a,\ b \in G,\ \phi(a \oplus b) = \phi(a) \odot \phi(b)$。

則我們會說這個**映射**或**函數** ϕ 為 G 到 G' 的一個**同構**，而且兩個群 G 和 G' 是**同構的**，記作 $G \cong G'$。

例 2　群

考慮在乘法群 $G = \{1,\ -1,\ i,\ -i\}$，以及在加法群 $Z_4 = \{[0],\ [1],\ [2],\ [3]\}$。定義一個函數 $\phi : Z_4 \rightarrow G$，運算為 $\phi(x \cdot [1]) = i^x,\ \forall x \in Z_4$，這個函數 ϕ 是一對一且映成。它也必定符合：

$$\phi(x + y) = \phi(x + y) \cdot [1] = i^{x+y} = i^x \cdot i^y = \phi(x) \cdot \phi(y)$$

因此，群 $(Z_4,\ +)$ 和群 $(G,\ \times)$ 是同構的，記作 $Z_4 \cong G$。

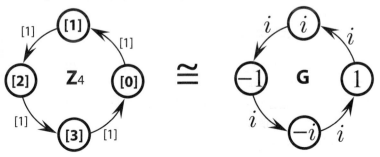

同構 & 計算尺

計算尺[1](Slide Rule) 是一種模擬計算機，主要用於乘法、除法、求函數的根以及對數的計算。

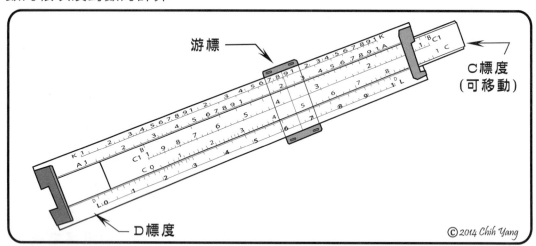

操作原理：

使用計算尺尋找兩數相乘的乘積時，首先在 C 標度上找出標示為「1」的刻度，再移動 C 標度將「1」對準 **D 標度上的被乘數**，然後在 **C 標度上找到乘數**，再畫上一條垂直線，最後對應著垂直線 **D 標度上的數**就是二數的**積**。例如：要使用計算尺計算 1.5×2 的乘積時，如下圖所示，先將 **C 標度上的「1」**對準 **D 標度上**的 1.5 （被乘數），然後在 C 標度上找到 2 （乘數），其在 D 標度上所對應的數字 3，就是 1.5×2 的乘積。

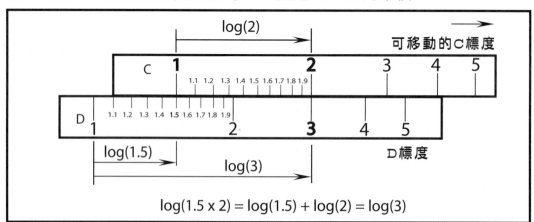

$$\log(1.5 \times 2) = \log(1.5) + \log(2) = \log(3)$$

計算尺是透過乘法轉成加法的運算原理所操作的。

$$\log(xy) = \log(x) + \log(y)$$

---

[1]譯注：在西元 1970 年代之前使用廣泛，但之後被電子計算機取代。

透過對數的變換，乘法運算可以轉換成加法運算。

$$\log(xy) = \log(x) + \log(y)$$

因為 $R^+ \cong R$，所以這個變換是一個同構。

「正實數的乘法群 $(R^+, \times)$ 與實數的加法群 $(R, +)$ 是同構的。
亦即對於所有的正實數 x, y，定義函數 $\psi : R^+ \to R$ 為 $\psi(x) = \log(x)$,
$\psi(xy) = \psi(x) + \psi(y)$，則函數 ψ 必為一個同構。」

當大洪水結束後，諾亞遵循上帝旨意讓所有的動物離開方舟，並對牠
們說：「你們要前往各地，並生養眾多。(Go forth and multiply)」❷

---

❷譯注：這是作者引自《聖經》典故的雙關語插畫，大意是：諾亞讓小毒蛇們去「繁衍」
（multiply，在數學上是指「乘」），但牠們叫「小毒蛇」（adder，在數學上是指「加法器」），
所以不會「繁衍」。因此諾亞給牠們「原木」（log，在數學上是指「對數」）。

同態

同態 (homomorphism) 是指兩個群之間保持結構不變的映射或函數，我們令其為 ϕ，但沒有要求 ϕ 必須是一對一與映成。同態可視為同構的推廣，兩者原理類似，只是同構要求必須是一對一與映成，而同態沒有要求而已。同態連結了一個群與它的**對應域 (image)**。

例 1

考慮整數 $\mathbb{Z}$ 的加法群 $(\mathbb{Z}, +)$，定義一個從整數 $\mathbb{Z}$ 對應到整數 $\mathbb{Z}$ 的函數 $\psi : \mathbb{Z} \to \mathbb{Z}$，其對應關係為 $\psi(x) = 3x, \ \forall x \in \mathbb{Z}$。

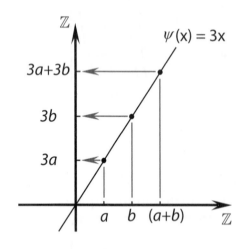

$$\psi(a + b) = 3(a + b)$$
$$= 3a + 3b$$
$$= \psi(a) + \psi(b)$$

ψ 這個函數是一個**同態**。
ψ 是**嵌射**或**一對一**，
但不是**蓋射**或**映成**。

例 2

考慮整數 $\mathbb{Z}$ 的加法群 $(\mathbb{Z}, +)$ 和複數子集 $G = \{i, -1, -i, 1\}$ 的乘法群 $(G, \cdot)$，定義一個從 $\mathbb{Z}$ 對應到 G 的函數 $\phi : \mathbb{Z} \to G$，其對應關係為 $\phi(x) = i^x, \ \forall x \in \mathbb{Z}$。

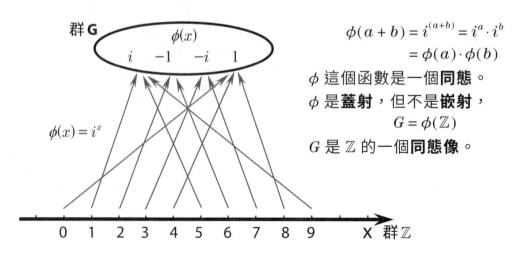

$$\phi(a + b) = i^{(a+b)} = i^a \cdot i^b$$
$$= \phi(a) \cdot \phi(b)$$

ϕ 這個函數是一個**同態**。
ϕ 是**蓋射**，但不是**嵌射**，
$$G = \phi(\mathbb{Z})$$
G 是 $\mathbb{Z}$ 的一個**同態像**。

　　在群論中，同態的主要用途就是創造一個函數例如 $\phi : A \to B$，使得我們可以藉由觀察**像**或**對應域** B 在代數結構上的性質，來推論**定義域**(**domain**)A 的可能。就像是透過實物的照片來推論真正的實物一樣。

二維空中俯視
鳥的觀點

一個會移動的鳥巢?

一個不同的觀點：同態的核

一隻魚!

© 2013 Chih Yang

　　同態的核 (the kernel of the homomorphism)，就是對於一幅景象，從不同的觀點來看，會發掘到不同的特徵。

例 3

　　對於模數 12(modulo 12) 的同餘集合
$Z_{12} = \{[0], [1], [2], [3], [4], [5], [6], [7], [8], [9], [10], [11]\}$，
定義函數 $\psi : Z_{12} \to Z_{12}$，$\psi(x) = 3x \pmod{12}$，則 ψ 是一個同態。

Z_{12} 的凱萊表
(Cayley table for group Z_{12})

+	0	1	2	3	4	5	6	7	8	9	10	11
0	0	1	2	3	4	5	6	7	8	9	10	11
1	1	2	3	4	5	6	7	8	9	10	11	0
2	2	3	4	5	6	7	8	9	10	11	0	1
3	3	4	5	6	7	8	9	10	11	0	1	2
4	4	5	6	7	8	9	10	11	0	1	2	3
5	5	6	7	8	9	10	11	0	1	2	3	4
6	6	7	8	9	10	11	0	1	2	3	4	5
7	7	8	9	10	11	0	1	2	3	4	5	6
8	8	9	10	11	0	1	2	3	4	5	6	7
9	9	10	11	0	1	2	3	4	5	6	7	8
10	10	11	0	1	2	3	4	5	6	7	8	9
11	11	0	1	2	3	4	5	6	7	8	9	10

ψ

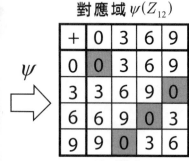

對應域 $\psi(Z_{12})$

+	0	3	6	9
0	0	3	6	9
3	3	6	9	0
6	6	9	0	3
9	9	0	3	6

$$\psi(x) = 3x = \begin{pmatrix} x = & 0 & 1 & 2 & 3 & 4 & 5 & 6 & 7 & 8 & 9 & 10 & 11 \\ 3x = & 0 & 3 & 6 & 9 & 0 & 3 & 6 & 9 & 0 & 3 & 6 & 9 \end{pmatrix}$$

　　對於所有的 $x, y \in Z_{12}$，函數 ψ 皆滿足 $\psi(x+y) = \psi(x) + \psi(y)$。所以 ψ 是一個同態。

陪集 (Cosets)：　　$\{0, 4, 8\}$　　$\{1, 5, 9\}$　　$\{2, 6, 10\}$　　$\{3, 7, 11\}$

對應域 (Images)：　　　0　　　　　3　　　　　6　　　　　9

　　核集 (Kernel)φ，是一個收集 ψ 的定義域中所有會對應到單位元 0 的元素所形成之集合，記作 $\varphi = \{x \mid \psi(x) = 0\}$。此例中因為 0, 4 和 8 在 ψ 運算下皆對應到單位元 0，所以核集 $\varphi = \{0, 4, 8\}$。

依照陪集和它們對應的對應域，群 $(Z_{12}, +)$ 的凱萊表可改成下圖所示。

核集φ是 Z_{12} 的正規子群

對應域 $\psi(\mathbf{Z_{12}})$

©2012 Chih-Yang

核集 (Kernel)φ = {0, 4, 8} 從不同的角度來看 ψ，可發掘更多的特徵，並進一步引導出商群（factor groups 或 quotient groups）的概念。

譯注：正規子群 (normal subgroup) 與商群：

　　若 H 是 G 的子群 (subgroup)，且 H 滿足對於所有的 $a \in G$ 及 $h \in H$ 都有 $a^{-1} \cdot h \cdot a \in H$，則稱 H 是 G 的一個正規子群。

　　正規子群的真正目的，是想利用群 G 創造一個較小的群來幫助我們了解 G。例如給定一個 G 的子群 N，若 N 是 G 的正規子群，且 N 可將 G 分類然後將同類元素所成之集合看成一個新的元素，那麼從集合的觀點來看，這些新元素形成的集合自然比原來的 G 還小。又因為 N 是 G 的正規子群，我們可以給這個新集合一個運算，使這個新集合有一個群的結構，則這個新的群，我們稱為商群，記作 G/N。

參考文獻

❶ Ash, Robert B.; *A Primer of Abstract Mathematics*, The Mathematical Association of America, Washington, D.C., 1998.

❷ Bajnok, Bela; *An Invitation to Abstract Mathematics*, Springer, 2013.

❸ Bloch, Norman J.; *Abstract Algebra with Applications*, Prentice-Hall, Inc., NJ, 1987.

❹ Berlinghoff, William P.; *Mathematics: the Art of Reason*, D. C. Heath and Company, Boston, 1968.

❺ Gallian, Joseph A.; *Contemporary Abstract Algebra*, 8th Edition, Cengage Learning, 2013.

❻ Grossman, Israel and Wilhelm Magnus; *Groups and Their Graphs*, Random House, 1964.

❼ Lidl, Rudolf and Gunter Pilz; *Applied Abstract Algebra*, 2nd Edition, Springer, 1997.

❽ Maxwell, E. A.; *A Gateway to Abstract Mathematics*, Cambridge at the University Press, UK, 1965.

❾ Pinter, Charles C.; *A Book of Abstract Algebra*, 2nd Edition, McGraw-Hill Publishing Company, NY, 1990.

❿ Weyl, Hermann; *Symmetry*, Princeton University Press, 1952.

附　錄（配合 16 頁）

轟炸機的子彈孔模式

▶ 二次大戰期間，英軍皇家空軍每天轟炸德國。

▶ 為了要提高作戰部隊能安全返航的機會，數學家沃爾德教授研究彈孔在轟炸機上分布的位置，並決定要在機體上加強裝甲的額外防護罩。

你覺得應該在機體哪裡加強裝甲呢？

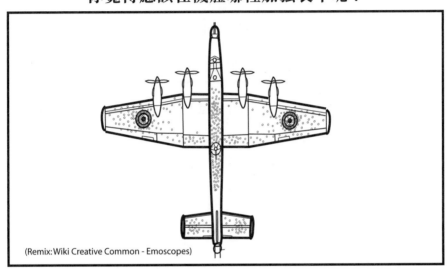

(Remix: Wiki Creative Common - Emoscopes)

應在沒有中彈的地方加強這些裝甲。

這些飛機在某些地方被子彈擊中，仍能安全返航，然而有些地方被擊中就無法安全返航，表示那些地方就是關鍵之處。

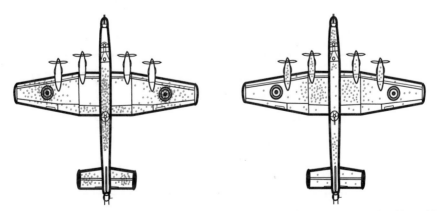

被擊中但可以安全返航的飛機　　被擊中但無法安全返航的飛機

附　錄（配合 21 頁）

有限差分法的模式

在有限差分中一個數據平滑的例子。

> **例子：**
>
> 　　在下面的數字中，有一個數字寫錯，請問是哪一個呢？
>
> 　　　　1　3　6　11　20　31　48　71　101
>
> 　　提示：當你做到第四次差分時會發現某種模式

這差分表是一個呈現有限差分的標準形式。

	1	3	6	11	20	31	48	71	101
第一次差分 →	2	3	5	9	11	17	23	30	
		1	2	4	2	6	6	7	
			1	2	-2	4	0	1	
第四次差分 →			1	-4	6	-4	1		

在較高階的差分中，差增大了，且有二項係數的模式。

若將 20 這個數改成 19 放進新表中，如下：

	1	3	6	11	19	31	48	71	101
	2	3	5	8	12	17	23	30	
		1	2	3	4	5	6	7	

所以這模式認為數字 20 是誤植的。正確的數字應該是 19。

附　錄（配合 99 頁）

定義明確的二元運算

例子 2

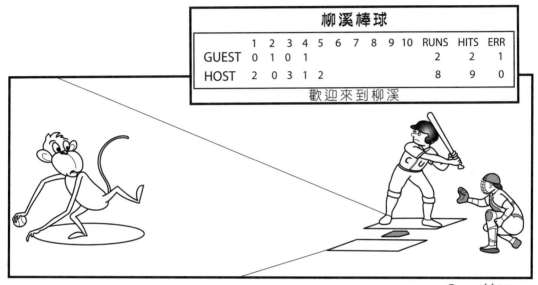

柳溪棒球隊有一份針對過去三季的比賽記錄，13 場贏 7 場、12 場贏 6 場以及 14 場贏 8 場。

將它們加起來

$$\frac{7}{13} \oplus \frac{6}{12} \oplus \frac{8}{14} = \frac{21}{39}$$

總和是 39 場中贏 21 場。

數字 $\frac{7}{13}$、$\frac{6}{12}$ 及 $\frac{8}{14}$ 並不是有理數。

$$\frac{6}{12} \neq \frac{1}{2} \quad 且 \quad \frac{8}{14} \neq \frac{4}{7}$$

它之所以可以運作，是因為 $\oplus$ 只有 1 個映成數。

附　錄（配合 141 頁）

卡羅萊納州的海盜

　　一幫 17 人的海盜團想要均分他們的贓物——金幣。當他們將金幣均分成堆後，發現還剩餘 5 枚。在誰該得到這額外 5 枚金幣的爭吵中，有 2 名海盜被殺了。剩下的 15 名海盜再次嘗試均分這些贓物時，則剩餘 3 枚金幣。再次在爭奪額外的金幣時又有另一名海盜被殺害。最後這 14 名海盜終於均分了贓物。

請問這些海盜所分配的金幣數量最少是多少呢？

解答：

設 x 為所分配的金幣數量，則這問題可以寫成下列同餘組：

$$\begin{cases} x \equiv 5 (\mathrm{mod}\ 17) \\ x \equiv 3 (\mathrm{mod}\ 15) \\ x \equiv 0 (\mathrm{mod}\ 14) \end{cases}$$

當 $R_1 = 5$, $R_2 = 3$, $R_3 = 0$, $m_1 = 17$, $m_2 = 15$, $m_3 = 14$

且此同餘組中，m_1, m_2, $\cdots$, m_n 兩兩互質

令 $M = m_1 \cdot m_2 \cdot m_3$, $b_i = \dfrac{M}{m_i}$ 且 b_i^{-1} 是在模數 m_i 之下 b_i 的乘法反元素

$$x = \sum_{i=1}^{3} R_i b_i b_i^{-1} (\mathrm{mod}\ M)$$

因為 $b_1 = 210$, $b_2 = 238$, $b_3 = 255$, $b_1^{-1} = 3$, $b_2^{-1} = 3$ 以及 $b_3^{-1} = 5$

所以 $x = (5)(210)(3) + (3)(238)(7) + (0) = 8148 \equiv 1008 (\mathrm{mod}\ 3570)$

至少可分配 1008 個金幣。

附　錄（配合 146 頁）

RSA 公鑰密碼系統

生成密鑰

RSA 密碼系統廣泛被運用於保密資料的傳送。使用者需要兩把鑰匙，一把公鑰，一把私鑰。

製作鑰匙的例子

選取兩個質數 p 和 q 作為私鑰：

令 $p = 23$, $q = 43$

則我們可以從 p 和 q 製作出公鑰

$m = p \times q = 23 \times 43 = 989$

$(p-1) \times (q-1) = 22 \times 42 = 924$

找到一個與 $(p-1) \times (q-1)$ 互質的數字 e

選取 $e = 221$，e 與 924 互質

公鑰

$m = 989$, $e = 221$

加密方程式 $f(x) = x^{221} \pmod{989}$

（制作後公開）

因為 $ed = 1 (\mod(p-1)(q-1))$

所以 $221d = 1 (\mod(924))$，得 $d = 485$

私鑰

$p = 23$, $q = 43$，且 $d = 485$

解密方程式 $g(x) = x^{485} \pmod{989}$

（保存成機密）

破解動物忍術

如何水上行走與飛簷走壁？
動物運動與未來的機器人

————— 胡立德 David L. Hu 著
羅亞琪 譯

水黽如何在水上行走？
蚊子為什麼不會被雨滴砸死？
哺乳動物的排尿時間都是 21 秒？
魚死不能復生卻能夠游泳？

讓搞笑諾貝爾獎得主胡立德告訴你，這些看
似怪異荒誕的研究主題也是嚴謹的科學！

花招盡出！千奇百怪的動物運動方式

為了在充滿各種障礙物的環境中生存，動物們奇招盡出：水黽可以水上行走，砂魚蜥能夠沙中游泳，而微小的動物最懂得以柔克剛，抵禦碰撞。看似不起眼的身體構造和動作，原來都有巧妙的用途，讓我們一起用生物力學的角度欣賞動物運動的大智慧。

抽絲剝繭！破解動物運動的祕密

從亞特蘭大動物園到新加坡的雨林，隨著科學家們上天下地與動物們打交道，探究動物運動背後的原理，從發現問題、設計實驗，直到謎底解開，喊出「啊哈！」的驚喜時刻。想要探討動物排尿的時間得先去練習接住狗尿？想要研究飛蛇的滑翔得要先攀登高塔？意想不到的探索過程有如推理小說般層層推進、精采刺激。

師法自然！模仿動物運動的機器人

科學家受到動物運動的啟發，設計出各種功能獨特的機器人。靈感來自蟑螂的可壓縮機器人可以在縫隙中穿梭，將可能用於搜救行動；仿效螞蟻群體活動的小型機器人能夠集體合作、自由組合……來自研究者的第一手資訊帶你一窺仿生機器人的最新發展。

科學⁺

蔚為奇談！宇宙人的天文百科　　高文芳、張祥光　主編

宇宙人召集令！
24 名來自海島的天文學家齊聚一堂
接力暢談宇宙大小事！

最「澎湃」的天文 buffet
這是一本在臺灣從事天文研究、教育工作的專家們共同創作
的天文科普書，就像「一家一菜」的宇宙人派對，每位專家
都端出自己的拿手好菜，帶給你一場豐盛的知識饗宴。這本
書一共有 40 個篇章，每篇各自獨立，彼此呼應，可以隨興挑
選感興趣的篇目，再找到彼此相關的主題接續閱讀。

國家圖書館出版品預行編目資料

數思漫想：漫畫帶你發現數學中的思考力、邏輯力、
創造力／Chih C. Yang（楊志成）著;陳玉芬等譯.——
初版三刷.——臺北市：三民，2022
　　面；　公分.——(科學+)

　ISBN 978–957–14–6806–8　（平裝）
　1.數學

310　　　　　　　　　　　　　　109004557

科學+

數思漫想──漫畫帶你發現數學中的思考力、邏輯力、創造力

作　　者	Chih C. Yang（楊志成）
審　　訂	洪萬生
譯　　者	陳玉芬　潘漢文　李少宇　李伶芳　李偉任
	李靜平　涂佩瑜　張嘉芸　朱志竣　陳財宏
校　　閱	蔡姿英
責任編輯	王敬淵
發 行 人	劉振強
出 版 者	三民書局股份有限公司
地　　址	臺北市復興北路 386 號 (復北門市)
	臺北市重慶南路一段 61 號 (重南門市)
電　　話	(02)25006600
網　　址	三民網路書店 https://www.sanmin.com.tw
出版日期	初版一刷 2020 年 5 月
	初版三刷 2022 年 10 月
書籍編號	S300230
I S B N	978-957-14-6806-8

A Cartoon Primer of Modern Mathematics
Copyright © 2017 by Chih C. Yang
First published in the US by Willow Creek Science Institute
Complex Chinese translation copyright © 2020 by San Min Book Co., Ltd.
ALL RIGHTS RESERVED

三民書局